U0200896

古人的一年

中国画里的 24节气

王三悟 —— 著

华龄出版社
HUALING PRESS

图书在版编目（CIP）数据

古人的一年：中国画里的 24 节气 / 王三悟著 . --
北京：华龄出版社，2025.1

ISBN 978-7-5169-2707-6

Ⅰ . ①古… Ⅱ . ①王… Ⅲ . ①二十四节气 - 普及读物
Ⅳ . ① P462-49

中国国家版本馆 CIP 数据核字 (2024) 第 020847 号

策划编辑	刘轶雯		责任印制	李末圻	
责任编辑	高志红				

书　名	古人的一年：中国画里的 24 节气		作　者	王三悟	
出　版 发　行	华龄出版社 HUALING PRESS				
社　址	北京市东城区安定门外大街甲 57 号		邮　编	100011	
发　行	(010) 58122255		传　真	(010) 84049572	
承　印	文畅阁印刷有限公司				
版　次	2025 年 1 月第 1 版		印　次	2025 年 1 月第 1 次印刷	
规　格	710mm×1000mm		开　本	16	
印　张	19		字　数	240 千字	
书　号	ISBN 978-7-5169-2707-6				
定　价	128.00 元（精）				

经过中国上古先人千百年的观察和实践而总结出来的二十四节气，准确反映了黄河流域自然节律变化规律，也蕴藏着悠久的文化内涵和历史积淀。至今仍用于指导农业生产活动，也是民众日常生活的时间坐标。

二十四节气的背景：中国历法

中国的历法是中华文明发展的重大成果，也是中华文化思想的重要体现。

《易·系辞上》曰："天垂象，见吉凶，圣人象之；河出图，洛出书，圣人则之。"说的就是上古时期的先贤，研究天象和人世发展的关系，通过河图洛书研究自然界变化的原理。

天象主要说的是时间问题，河洛阴阳主要说的是规律问题。两者结合，就产生了历法、四季和节气。

上古时期中原地区的人们，研究日影长短变化的周期规律，确立了"年"的概念，即所谓的阳历。研究月影朔、望、晦的变化周期规律，确定了"月"的概念，即所谓的阴历。研究北斗星在夜空中斗转星移的变化周期规律，以十二地支为序，以北斗斗柄的指向标定了十二个月份的时间段，即所谓的星辰（天干）历。到唐宋时已发展为全部年月日时都以天干地支来标记。

《春秋命历序》曰："天地开辟，万物浑浑，无知无识；阴阳所凭，天体始于北极之野……日月五纬俱起牵牛；四万五千年，日月五纬一轮转；天皇出焉……定天之象，法地之仪，作干支以定日月度。"所以，远古时期古人研究制定历法的方法可以概括为四个字——"观象授时"。

理论上，太阳、月亮和星辰都是古人研究历法的对象和渠道，任何一维都无法单独建立完整的历法体系，它们一开始就是被古人关联看待和整体研究的，在历史的长河中互相验证，互相补充，始终被组合应用。

现代语境下的所谓阳历、阴历、星辰历，任一都无法独立存在和应用，只是后人总结出的"语术"。

事实上，中国有据可查的第一部历法"夏历"就是包含了日月星辰天象规律的合历。夏历以指导和服务农业生产活动为首要任务，被后世称为农历。

《夏小正》就是中国现存最早的一部农历。它原为西汉《大戴礼记》中的一篇，按夏历十二个月的顺序，分别记述每个月中的星象、气象、物候、农事。

《夏小正》所记载的内容和所观察的范围，是后来形成的二十四节气的基础，是古人在气象物候方面取得的里程碑式的成就。

二十四节气概念的确立

"二十四节气"是上古农耕文明的产物，它是上古先民顺应农时，通过观察天体运行，认知一年中时令、气候、物候等变化规律所形成的知识体系。

根据当前已有史料的记载，一般认为古人在春秋时代测立了春分、秋分、夏至、冬至，到了战汉时期，全部完成了二十四节气的测定和确立。西汉《淮南子》一书中已经有了和现代一样的二十四节气的名称。

但考虑到上古先贤早就根据日影长短变化总结出了太阳运行的周期规律，实际上古人对于四季和二十四节气的测定时间似乎应该更早一些才更合理，只不过是目前还缺少更早的史料佐证。

西汉《淮南子·天文训》："帝张四维，运之以斗，月徙一辰，复反其所。正月指寅，十二月指丑，一岁而匝，终而复始。"

意思是讲，古人将一岁之中北斗七星斗柄旋转的一周，以十二地支为序，依次切分标记为十二辰（即子、丑、寅、卯、辰、巳、午、未、申、酉、戌、亥），称为"十二月建"。"建"代表北斗七星斗柄顶端的指向。

古代历法要建正月作为计年的基准起点。夏历建寅辰为正（以农历一月为正月）、商历建丑辰为正（以农历十二月为正月）、周历建子辰为正（以农历十一月为正月）、秦历建亥辰为正（以农历十月为正月）。

经过长期实践，人们发现夏历建寅为正更符合农业生产实际情况。于是，汉武帝时恢复了夏历建寅，制定《太初历》，规定了二十四节气的起始时间从立春开始，至此农历基本成熟定型。

在二十四节气中，反映季节的是立春、春分、立夏、夏至、立秋、秋分、立冬、冬至；反映物候现象的是惊蛰、清明、小满、芒种；反映气候变化的有雨水、谷雨、小暑、大暑、处暑、白露、寒露、霜降、小雪、大雪、小寒、大寒。

古代还编写了《二十四节气歌》来方便人们识记：

春雨惊春清谷天，夏满芒夏暑相连。

秋处露秋寒霜降，冬雪雪冬小大寒。

二十四节气反映的是太阳的周年视运动，所以节气在现行的国际公历中日期基本固定，上半年在每月6日、21日，下半年在每月8日、23日，前后相差1～2天。

二十四节气与易经卦象之关系

《易经》中的阴阳变化之道，是古人观象授时、研究历法的基本原理和指导思想。他们认为太阳、月亮和星辰的运动周期所形成的阴阳转化规律，是天地间寒来暑往气候变迁的主导原因。所以，古人认为二十四节气的变化规律，基本上与《易经》六十四卦是相吻合、相对应的。

上古三易之一的商代《归藏》中记载有十二消息卦的说法。在一个卦体中，凡阳爻去而阴爻来称为"消"；阴爻去而阳爻来称"息"。即，十二消息卦由"乾""坤"二卦阴阳各爻的"消"和"息"变化而来。因此，十二消息卦也被认为是《易经》六十四卦中的基础卦。

用十二消息卦，配十二个月，每一卦为一月之主，是谓"十二辟卦"（"辟"有君主的意思，这里取其主宰之义）。

十二月卦分别是：《复》《临》《泰》《大壮》《夬》《乾》《姤》《遁》《否》《观》《剥》《坤》。

主值的节气分别是：冬至、大寒、雨水、春分、谷雨、小满、夏至、大暑、处暑、秋分、霜降、小雪。

配以北斗斗柄所建地支十二辰之月份序位，总体来看就是：

复卦	一阳息阴	建子十一月	主值冬至
临卦	二阳息阴	建丑十二月	主值大寒
泰卦	三阳息阴	建寅正月	主值雨水
大壮卦	四阳息阴	建卯二月	主值春分
夬卦	五阳息阴	建辰三月	主值谷雨
乾卦	六阳息阴	建巳四月	主值小满
姤卦	一阴消阳	建午五月	主值夏至
遯卦	二阴消阳	建未六月	主值大暑
否卦	三阴消阳	建申七月	主值处暑
观卦	四阴消阳	建酉八月	主值秋分
剥卦	五阴消阳	建戌九月	主值霜降
坤卦	六阴消阳	建亥十月	主值小雪

以上十二个节气被确定主要对应十二消息卦后，又与余下的十二节气相邻结对，两两成双，各大体对应五个卦。具体来看就是：

立春、雨水，大体对应【小过】【蒙】【益】【渐】【泰】五卦。

惊蛰、春分，大体对应【需】【随】【晋】【解】【大壮】五卦。

清明、谷雨，大体对应【豫】【讼】【蛊】【革】【夬】五卦。

立夏、小满，大体对应【旅】【师】【比】【小畜】【乾】五卦。

芒种、夏至，大体对应【大有】【家人】【井】【咸】【姤】五卦。

小暑、大暑，大体对应【鼎】【丰】【涣】【履】【遁】五卦。

立秋、处暑，大体对应【恒】【节】【同人】【损】【否】五卦。

白露、秋分，大体对应【巽】【萃】【大畜】【贲】【观】五卦。

寒露、霜降，大体对应【归妹】【无妄】【明夷】【困】【剥】五卦。

立冬、小雪，大体对应【艮】【既济】【噬嗑】【大过】【坤】五卦。

大雪、冬至，大体对应【未济】【蹇】【颐】【中孚】【复】五卦。

小寒、大寒，大体对应【屯】【谦】【睽】【升】【临】五卦。

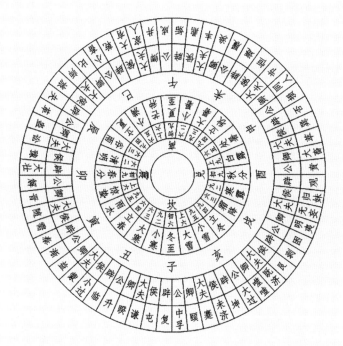

备注：卦气图卦序（有人认为是汉代孟喜从民间易家手中得到的卦气图，原本是周公所作《易象》的配图，这幅图上的卦序是通行本卦序制作的母本。）

二十四节气中的七十二物候

古人把关于时光的典章称为"历法""时令"，显著表明了其规范性和强制性。《礼记·月令》是战汉时期撰集的一部儒家时令典籍，书中强调，包括帝王在内的人，都不是绝对自由的，人们利用自然首先要尊重自然规律。历法是大法，月令就是时令，时令大于政令，代表了天地万物的根本规律。生产规律应以自然规律为依托，政令不能站在时令的对立面去对抗它。

《礼记·月令》中，详细总结了太阳主导下的四季十二月的多种征候，对每个月的物候现象进行了列举：

孟春之月——东风解冻，蛰虫始振，鱼上冰，獭祭鱼，鸿雁北，草木萌动。

仲春之月——桃始华，仓庚鸣，鹰化为鸠，玄鸟至，雷乃发声，始电。

季春之月——桐始华，田鼠化为鴽，虹始见，萍始生，鸣鸠拂其羽，戴胜降于桑。

孟夏之月——蝼蝈鸣，蚯蚓出，王瓜生，苦菜秀，靡草死，麦秋至。

仲夏之月——螳螂生，䴗始鸣，反舌无声，鹿角解，蝉始鸣，半夏生。

季夏之月——温风始至，蟋蟀居壁，鹰乃学习，腐草为萤，土润溽暑，大雨时行。

孟秋之月——凉风至，白露降，寒蝉鸣，鹰乃祭鸟，天地始肃，农乃登。

仲秋之月——鸿雁来，玄鸟归，群鸟养羞，雷始收声，蛰虫坏户，水始涸。

季秋之月——鸿雁来宾，雀入大水为蛤，鞠有黄华，豺乃祭兽戮禽，草木黄落，蛰虫咸俯。

孟冬之月——水始冰，地始冻，雉入大水为蜃，虹藏不见，天气上腾，地气下降，闭塞而成冬。

仲冬之月——鹖鴠不鸣，虎始交，荔挺出，蚯蚓结，麋角解，水泉动。

季冬之月——雁北乡，鹊始巢，雉雊，鸡乳，征鸟厉疾，水泽腹坚。

最初《夏小正》《吕氏春秋》《礼记》等各个典籍中列举的物候标识只是隶属于某个月，不同典籍中物候标识的说法也各有不同。从《逸周书·时训解》开始，才将月令物候依托节气时段，框定在五天的时间节律之中，正式提出了"七十二候"的概念。

元代文人吴澄编著《月令七十二候集解》，进一步界定了"二十四节气"与"候应"的规律。他以二十四节气为主线，将每个节气分成三个候。一候为五天，各候均以一个物候现象相应，称为"候应"，共集录解释"七十二候"。

按其中描述的现象，我们可以把七十二个物候分为生物物候和地理气候两大类。生物物候中，以数量排序的话，出现频次最高的是鸟类，第二是植物类，第三是虫类，第四是兽类。

可见鸟类对气候变化的反应最为敏感，所以往往成了古人最直观的消息载体。雉鸡、黄鹂、戴胜、苍鹰、鹌鹑、伯劳、燕子、大雁，都是节气的报信者。

"七十二候"中，也有一些较为怪异的动物之间互相转化的问题，比如"鹰化为鸠""雀入水为蛤""雉入于淮为蜃""田鼠化为鴽"。其实这里讲的不是谁化为谁的意思，可以理解为随着不同节气的变化，动物们有的隐匿藏身了，有的出来活动了。说的其实是动物们在大自然的舞台上"你方唱罢我登场"的规律。

"七十二候"中总结三种动物物候时都用了"祭"字，比如孟春的"獭祭鱼"、季秋的"豺狼祭兽"和孟秋的"鹰祭鸟"。这里的祭，也不是真的指祭祀，而是描述动物们像人们祭祀一样陈列和摆放猎物，也有储存食物的含义。这其实也是对动物之间猎杀的一种文雅说法。

鉴古知今，以飨来者

中国传统思想文化和艺术创作的底层逻辑都是相通的。几千年来，无数的古代绘画作品、诗歌作品都大量地描绘了或宏伟雄奇，或清明秀雅的自然景观。它们各呈四时之美，各现八方之貌，其间也融入了古人对时间、空间及生灵万物的文化理解和情感共鸣，共同形成了一道独具中国文化特色的时空风景线。

二十四节气，是中国古人对时空概念的综合理解，蕴含着丰富的辩证哲学和人文思想，也体现着自然气候变化和生产生活活动的普遍规律。

本书以《易经》的古典辩证哲学为底层逻辑，以二十四节气为主线，以相关的古代绘画和诗歌作品为素材，有机地串联起一个季节轮回周期，构建起一个全新的复合文化框架。

时以为序，《易》以明理，画以成象，诗以传情，统而合之，以便读者可以既深入又直观地审视中国古人的宇宙观、生存观和发展观。

为了便于读者比对认知和综合理解，本书采取了模块化的方式，将每一节气的内容分为"节气简介""应时之征""顺时之人""当时之务""时节风物"这几个模块，并在各个模块中综合配对与当前节气相应的画作、诗歌，进行简练精要的解读，以便读者轻松观览古人笔下当前节气的物候、人为和时务。

中华文化源远流长，博大精深。易理，画意，诗情，都是文明基因的优质传承载体。本书希望以节气时令为线索，整合串联这些信息形态，搭建一个时空隧道，尝试探索和体验中华生存文化的奥妙。鉴古知今，以飨来者。

作者学识有限，力有不逮，书中恐多有谬误之处，恳请广大读者批评指正。

王三悟

2024 年 1 月 20 日

目录

古人的一年

中国画里的 24 节气

立春，正月节。

立，建始也，五行之气，往者过，来者续。于此而春木之气始至，故谓之立也。

一候东风解冻；二候蛰虫始振；三候鱼陟负冰。

——元 吴澄《月令七十二候集解》

含义：东风送暖，化解了大地冰封已久的寒冻。潜伏在地下的小虫们，开始从冬眠中苏醒过来。河水渐暖，鱼儿竞相浮游到水面。此时水中仍有未溶解的碎冰，如同被鱼儿背负着一样浮在水面。

立春

农历正月

公历
/
2月3日-5日

第一章　蒙以养正

立春节气，地球绕太阳运行至黄道十二宫的丑和寅之间，其节气特征基本与《易经》中的蒙卦和渐卦所反映的变化规律相吻合。

立春，是二十四节气之首，也是春季的第一个节气。立春又名正月节、岁节、岁首等，是万物起始、一切更生之义。

古代传说立春来临之前，有些地区的地方官会带领本地贤达，把羽毛等轻物质放在挖好的坑里。等到了某个时辰，羽毛会从坑里飘上来，这个时刻就是立春时辰。

过去传统农耕社会，古人非常重视立春，重大的拜神祭祖、驱邪禳灾、除旧布新、迎春祈岁等庆典活动，均安排在立春日及其前后时段举行。

立春时节，天气依然寒冷，人们常常在不知不觉中就迎来了新年的立春。南宋陆游有一首《立春》诗，所言即是此情此景。

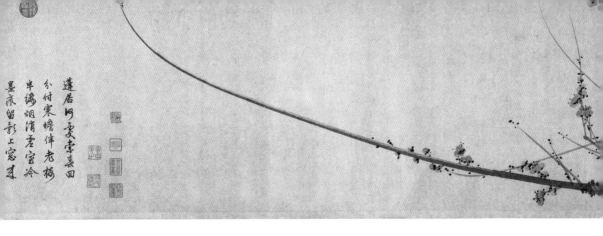

蓬居河受索喜田
分付寒蟾伴老梅
半缘烟消香宝冷
墨痕留影上窗来

立春

〔宋〕陆游

采花枝上宝旛新，看遍秦山楚水春。

村舍不知时节换，傍檐百舌苦撩人。

　　新做的酒幡在枝头高高飘扬，它居高望远，仿佛已经看遍了秦山楚水的春色。村舍屋檐的茅草在风中不停飘动，与苦寒的冬天没什么差别，让人感觉不到时节已经变换，春天已在不知不觉中到来了。

▌ 应时之征｜**窗影报春**

《易经·蒙卦·象》曰："蒙以养正，圣功也。"（蒙以养正：最初的启蒙就要以合乎天道的方向来养化。）

　　随着唐代文人对梅花的赞赏与日俱增，五代以后画梅风尚盛行；宋元时期，梅花更是被公认为报春的使者。元末道士邹复雷，能诗善画，得高人指点，长于写梅花。他有一幅《春消息图》，堪称神作。

　　画中老梅漫舒长枝，梅枝就像一根细长的天线，发射出了春天的消息。消息一词最早源于《易经》。在一个卦体中，凡阳爻去而阴爻来称为"消"；阴爻去而阳爻来称"息"。消息合称，代表事物变化的情况。

　　这幅《春消息图》是 2 米多长、34 厘米高的长卷，画家在如此细长的画幅中构图奇绝。一株苍劲老梅盘曲俯仰。右枝短柯隐消，似朽不朽，似尽未尽。左

元 邹复雷 《春消息图》 弗利尔美术馆藏

干遒劲粗壮，先仰出画外，后俯探左旁。枝干交错，逸散舒展，梢条竞立，映带争先。枝上梅花竞放，均以墨渍点染而成，雅致内敛，又饱含张力。枝端一新梢，干直劲硬，似飞鸿之迹，直冲向斜上方。这一梢占了近一半的画幅，几乎探出天际，显示出无限生机。寒梅传递了春天的消息，但又是谁把春天的消息告诉了寒梅呢？

乾隆在画上题诗进行了理性分析：

> 一气为春去必回，谁将消息付寒梅。
> 蕊珠仙妒女夷巧，偷先东风特地来。

他认为是自然之气抢在东风之前把春天的消息告诉了寒梅，让它突然就传到了人间。而画家的自跋，则更有一种清寒的诗意：

> 蓬居何处索春回，分付寒蟾伴老梅。
> 半缕烟消虚室冷，墨痕留影上窗来。

原来，春天的消息是梅花通过窗影，如墨痕留影传递过来的。

好似是一场"不期而遇"的双向奔赴。为什么说梅花是蒙以养正呢？梅花的盛开悄无声息又恰逢其时，开启了春天的时光，反映了冬去春来的自然规律。合乎天道即为正。

■ 顺时之人 | 春行晓发

《易经·蒙卦·象》曰："山下出泉，蒙；
君子以果行育德。"（果行育德：君子
必须果断行动才能培养出良好的品德。）

　　春天到了，一元复始，万物复苏，
守性履命，各赴前程。这幅五代十国时
期刘道士所作的《湖山春晓图》，仿佛
也是在表达这层意思。图中春山萌动，
云雾蒸腾，溪流奔涌，草木生发。文人
在临窗卧读，渔夫在扛竿过桥，童子在
临溪汲水，道士在洞天携杖。每个人在
苏醒的春天里都在归其位、谋其事。最
令人瞩目的是，在这个春天的早晨，一
位离家的游子正在揖别老父，准备走出
深山，奔赴远大前程。

　　世界这么大，我想去看看。游子之
心，崇山峻岭挡不住，绿水青山留不住。
一年之计在于春。有志向的年轻人春天
来了就出发。

　　无独有偶，这幅南宋的《征人晓发
图》也表达了同样的主题。这是松竹林
木掩映下的一户普通人家。天刚蒙蒙亮，
茅屋草棚下的女主人已经早早地站在灶
台旁边做饭了。她的丈夫头戴幞头，一
派读书人的装扮，此刻正睡眼惺忪地趴
在桌子上，似是半梦半醒。稍后他吃完
早饭后，就要出门远行，即所谓远行的

五代十国　刘道士　《湖山春晓图》　大都会艺术博物馆藏

南宋 佚名 《征人晓发图》 故宫博物院藏

征人。女人旁边的小孩子也早早起床为父亲送行。他正望着父亲挥手，仿佛在说："别着急，饭马上就好了"。篱笆院墙内，一头驴子抬蹄踏地，扭头看向趴在桌子上的书生，似乎在催促他抓紧时间出发上路。有一挑夫挂着长伞在柴门之外等候，挑担一侧木质的行李箱中应该装了不少书籍。这位书生很有可能要去参加科举赶考，抑或是要远游求学。

古代读书人的科举之路十分漫长。许多古代学子都是一边成家，一边参加科举考试。有糟糠之妻，有萌幼之子，生活"压力山大"。画中书生这个趴在桌子上不愿醒来的姿态，也是意味深长。但是，这就是生活，谁不是心怀梦想、负重前行呢？

春天里万物萌发，希冀又饱满地涌上心头，远行的人们抖擞精神，踏上征程。当时不误，果断的行动才能孕育非凡的成就。杜甫一首《绝句》千古传颂，不知引发了多少春行晓发之人的感慨和共鸣。

绝句

〔唐〕杜甫

两个黄鹂鸣翠柳，一行白鹭上青天。

窗含西岭千秋雪，门泊东吴万里船。

▌当时之务 | 辛盘醒身

《易经·渐卦·象》曰:"山上有木,渐;君子以居贤德善俗。"(居贤德善俗:君子应不断积累贤德,逐渐影响和改善社会风俗。)

这是古代乡间欢度农历新年的景象。人们敲锣打鼓放鞭炮,煎茶题字访亲友。画家李士达在《元日新年图》中自跋:"今朝元日试题诗,又簇辛盘举一卮。杨柳弄黄梅破白,一年欢赏动头时。"

辛盘,是中国古时迎春的重要传统民俗。农历正月初一,人们用葱韭等五种味道的辛辣菜蔬置盘中供食,用于焕发五脏之气,振作精神,有迎接新春之意。李时珍在《本草纲目》中也提道:"五辛菜,乃元旦、立春以葱、蒜、韭、蓼蒿、芥辛嫩之菜杂和食之,取迎新之意。"

这种古老的传统民俗文化,在晋代已有,那时称"五辛盘"。五辛指:大蒜、小蒜、韭菜、云苔、胡荽。五辛盘也称春盘。立春食春盘的风俗,从唐宋金元一直流传下来,在文人诗词中频频出现。唐代杜甫《立春》诗云:"春日春盘细生菜,忽忆两京梅发时。盘出高门行白玉,菜传纤手送青丝。"宋代苏轼《浣溪沙》词曰:"雪沫乳花浮午盏,蓼茸蒿笋试春盘。人间有味是清欢。"元代元好问《喜春来》词曰:"春盘宜剪三生菜,春燕斜簪七宝钗。春风春酝透人怀。"明代申时行《立春日赐百官春饼》诗云:"斋日未成三爵礼,早春先试五辛盘。"清代惠士奇《除夕写怀》诗云:"辛盘与椒酒,一一亲排当。"

善俗传沿,风化之渐,可至千年。

明 李士达 《元日新年图》 克利夫兰艺术博物馆藏

▌时节风物 | 东风至，冰解冻，春之愿

东风至

立春三候之第一候，东风解冻。

东风是八风之一。八风乃四时（春夏秋冬）八节（立春、春分、立夏、夏至、立秋、秋分、立冬、冬至）之风。

从时间上看，八节之风谓之八风。

"立春条风至，春分明庶风至，立夏清明风至，夏至景风至，立秋凉风至，秋分阊阖风至，立冬不周风至，冬至广莫风至。"——汉《易纬通卦验》

从空间上看，八风是四正四隅的八方空间之风。

"东方曰明庶风，东南曰清明风，南方曰景风，西南曰凉风，西方曰阊阖风，西北曰不周风，北方曰广莫风，东北曰融风。"——汉　许慎《说文解字》

时空相合，东风即指春风。春天来了，百花齐放，一切始于一场看不见的春风。

春风在哪里？就在那堤岸细柳间。

咏柳

〔唐〕贺知章

碧玉妆成一树高，万条垂下绿丝绦。

不知细叶谁裁出，二月春风似剪刀。

明　陈洪绶　《春风蛱蝶图》上海博物馆藏

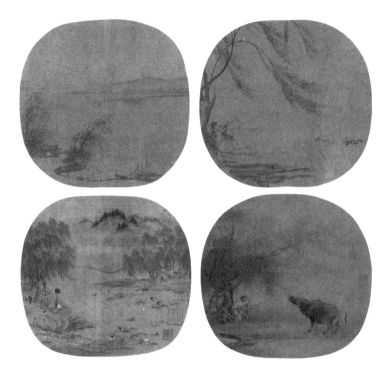

1 北宋 赵令穰 《柳亭行旅图》 台北故宫博物院藏
2 南宋 马和之 《柳塘鸳戏图》 台北故宫博物院藏
3 南宋 陈居中 《柳塘牧马图》 故宫博物院藏
4 南宋 佚 名 《柳塘呼犊图》 台北故宫博物院藏

冰解冻

春风化雨，冰河始开。

唐代诗人罗隐有一首《京中正月七日立春》，描绘的恰恰就是立春第三个征候"鱼陟负冰"的情景。

京中正月七日立春

〔唐〕罗隐

一二三四五六七，万木生芽是今日。

远天归雁拂云飞，近水游鱼迸冰出。

南宋 马和之 《清泉鸣鹤图》 台北故宫博物院藏

这幅南宋画家马和之的《清泉鸣鹤图》，所绘也正是初春时节冰河始开、溪泉奔涌、鱼戏清潭、鹤鸣云端的情景。诗情画意甚为相合。

诗人和画家对春天的感悟都是相通的。北宋大文豪苏轼为好友惠崇的《春江晚景图》题诗：

南宋 马远 《梅石溪凫图》 故宫博物院藏

惠崇春江晚景

〔宋〕苏轼

竹外桃花三两枝，春江水暖鸭先知。

蒌蒿满地芦芽短，正是河豚欲上时。

惠崇的画作虽未能流传下来，但后世的画家们都对此意境心领神会，南宋马远的《梅石溪凫图》就完美再现了这一画面。杰出的诗人和画家总是能把握住时间的脉搏，细腻捕捉到经典的时令风物和情境。而且，也总能为人所共识共情。

春之愿

　　《周易》中讲到，泰卦是三个阳爻的乾卦在下，三个阴爻的坤卦在上；是阴阳对置、乾坤倒转的卦象。乾下坤上，天地交而万物通。所以泰卦被认为是代表正能量和好趋势的吉卦。

元　佚名《三羊开泰图轴》台北故宫博物院藏

　　古人认为，正月的本质就是泰卦的卦象。三阳生于地下，冬去春来，阴消阳长，万物就要复苏，新的生命就要破土而出，所以是吉亨之象。

　　成语"三阳开泰"即是此意，"开泰"表示开启吉祥，运势亨通。"阳"和"羊"同音同调，羊在中国古代又被当成灵兽和吉祥之物。在古汉语中，"羊""祥"通假。《说文解字》说："羊，祥也。"所以古画中有不少画着童子骑羊的"三羊开泰"图，而且形成了一种表达定式。这幅元代《三羊开泰图轴》就是其中的典型作品。以羊象征阳，以童子代表春天，再辅以各种祥瑞配饰来寓意吉祥，称颂岁首，祝福春天，也祈愿全年安康。

1 北宋 苏汉臣《开泰图》台北故宫博物院藏
2 元 钱选《三阳开泰图》台北故宫博物院藏
3 元 佚名《戏婴图》台北故宫博物院藏
4 明 佚名《婴戏图》大英博物馆藏

雨水

雨水，正月中。

天一生水，春始属木，然生木者，必水也，故立春后继之雨水，且东风既解冻，则散而为雨水矣。故此节气名为雨水。

一候獭祭鱼；二候鸿雁来；三候草木萌动。

——元 吴澄《月令七十二候集解》

含义：春雨润泽，正是阴阳交泰万物生长的时机。水獭开始捕鱼了，将鱼摆在岸边展示，如同先祭后食的样子；大雁开始从南方飞向北方；草木萌芽生长，天地万物开始呈现出一派欣欣向荣的景象，如同被鱼儿背负着一样浮在水面。

第二章　无往不复

雨水节气，地球绕太阳运行至黄道十二宫的寅位左右，其节气特征基本与《易经》中的泰卦和益卦所反映的变化规律相吻合。

雨水，是二十四节气之第二个节气，春季的第二个节气。

这是一个气温回升、雨水增多、冰雪融化、大地回春的时节，也是春耕备耕的重要时期。春天的气息越来越浓，雨水时节的雨水什么样？唐代诗人张志和《渔歌子》一词写得传神。

渔歌子

〔唐〕张志和

西塞山前白鹭飞，桃花流水鳜鱼肥。

青箬笠，绿蓑衣，斜风细雨不须归。

应时之征 | 鸠唤东风

《易经·泰卦·爻辞》："九三，无平不陂，无往不复；艰贞无咎，勿恤其孚，于食有福。"（无平不陂，无往不复：世上没有只有平没有坡的地方，也没有只有去而没有回的现象。有作用就一定会有反作用，离开了就一定会回来，除非已不存在。）

暖日映山调正气，东风入树舞残寒。

春天的脚步是随着东风到来的。那么东风又是谁唤来的呢？五代画家唐希雅有一幅《古木锦鸠图》，枯枝之上一只优雅的锦鸠正在静候东风。明代画家沈周有一幅《鸠声唤雨图》，构图与唐希雅画类似，不同的是，画中枯枝上似乎正在萌发新芽，不知是不是这只锦鸠的呼唤下春风化雨的结果。沈周自跋："空闻百鸟声，啁啾度寒暑。何似枝头鸠，声声能唤雨。"宋徽宗赵佶也画有一幅《桃鸠图》。仿佛依然是那只锦鸠，仿佛依然是那个枝头。但已是桃花盛开，春满人间。

三图连看，仿佛是同一只锦鸠，呼东风，唤春雨，不眠不休，从枯枝到春芽，从春芽到桃花，好似时空穿越一般，终于迎来春色满枝。无往不复，没有哪一个冬天不会过去，没有哪一个春天不会到来。正是："鸠声唤雨声不断，不信桃花花不开。"

1 五代十国 唐希雅《古木锦鸠图》台北故宫博物院藏

2 明 沈周《鸠声唤雨图》台北故宫博物院藏

3 北宋 赵佶《桃鸠图》私人藏

1 | 2 | 3

■ 顺时之人 | 柳溪卧笛

《易经·泰卦·象》曰："天地交，泰。后以财成天地之道，辅相天地之宜，以左右民。"（大意：天地之气相交，就会平和安宁。君王领悟和运用天地相交的道理，制定适合人民生存的政策，辅助天地滋养和成就人民。）

春天来了，人如何在苏醒的天地中与自然沟通交互，和谐相融呢？

南宋画家梁楷的《柳溪卧笛图》就艺术地回答了这个问题。

一高士侧卧舟中，吹笛江上。岸上古柳高垂，枝叶轻摇。此刻天色晦暗，烟云腾绕，一派寂静幽远、超凡脱俗的气象。隔着画面都可以感受到画中人无拘无束、自由自在、洒脱率真的气质。他泊舟以置身乾坤，吹笛以神交天地，感知生命的意义。此情此景，颇有高遏行云的意境。正如《庄子·天下》中所言："独与天地精神往来，而不敖倪于万物。"

若求和光同尘，与天地同频共振，梁楷给出的答案就是：翘卧轻舟笛声起，垂柳依依似子期。一曲轻扬烟云驻，天地何愁无知己。天地无心但有道，循于天道者，也必与天地相融。神通天地，这就是处之泰然的真谛。当然，人在自然面前也不能完全被动承受。中国古人从未放弃对自然的研究和与天地的互动。作为典型的农耕文明，中国古代对求雨是非常重视的，求雨的仪式也极为隆重。但是古人求雨有什么理论依据吗？当然有的。传为北宋画家李公麟所绘的《为霖图》，把求雨的过程和原理画得明明白白。

山巅之上，一官绅衣着庄重，峨冠大袖，双手高擎红色木质礼器向上天虔

南宋 梁楷《柳溪卧笛图》故宫博物院藏

诚膜拜。左侧立一杆迎风飘扬的黑色幡旗（五行中黑色代表水），右侧一只猛虎昂首啸天，似乎也在诚挚祈祷。

求雨为什么要带上老虎呢？画中题跋说得明白：云从龙，风从虎。以虎招风，风起则云涌，云行则雨施。虎为寅，夏历农历正月为寅月，可能这是在正月祈雨。

能呼风唤雨的道教张道陵天师的坐骑也为虎，这是不是张天师的一场祈雨仪式呢？为什么只见坐骑不见天师呢？张天师又去哪里了呢？

民间的疾苦加上虔诚的求雨果然触动了上天。果然，画中主管春天的东方天帝——青帝太昊已经御龙而来，聆听祈词，视察四野。青帝带来了主司降雨的诸位神仙。在他身后，三眼尖嘴的雷公及其化身脚踩风火轮，手执锤锲、宝剑和葫芦，击鼓鸣雷，滚滚而来。有雷鸣必有电闪，雷公电母出双入对，本是一家。画中电母果然就位，手持铙钹互击，转眼已是电光火石之间了。在她一旁，风神（名叫箕伯或飞廉）也已现身，正手持风囊准备配合一场风驰电掣的表演。神仙们倾巢而出，鼎力相助。这一切还要归功于这位做好事不留名，背对观者的得道高人。正是他为民请愿，向上天陈情，才使得雷公电母诸神兴风作雨。这位红衣道者，应该就是张道陵天师。

北宋 李公麟 《为霖图》 台北故宫博物院藏

这幅作品蕴含着雷电交加、云行雨施的求雨奥妙。奥妙在哪里呢？画中引用《易经》言论的题跋点透了求雨的原理："本乎天者亲上，本乎地者亲下，则各从其类也。天地解而雷雨作，而百果草木皆甲坼。"天在上，地在下，万物皆随天地阴阳属性。阴上阳下，天地（阴阳）交感才能雷雨大作。雷雨大作，草木百果才皆可破壳而出，生根发芽。

古人的科学常常隐藏在伪装成迷信的淳朴意识里。什么是雷公电母？就是电荷的阴阳正负嘛。所谓云行雨施，云来了，雨就不远了。俗话说，春雨贵如油。雨水时节，古人首先要知道雨是怎么来的，才能祈雨为霖，让"好雨知时节，当春乃发生"。

■ 当时之务 | 早春之变

《易经·益卦·象》曰："风雷，益。君子以见善则迁，有过则改。"（大意：风雷交助，互相增益。君子见到善行就倾心向往，有了过错就迅速改正。）

春天好画，早春难描。

早春时节，我们看看北宋郭熙的《早春图》。先看气韵。山势翻卷，地脉生发，气韵蒸腾，生机初现。大地复苏，山先醒来，扭转的脉络之间涌动着生命活力。

再看物象。早春之早在于藏而微露。虽是蟹爪寒林，但却寒而不荒，顾盼生姿。才到冰雪消融，始有春水初生，流瀑细涌。

三看人物。客船刚至，妇孺上岸游山，渔舟初发，渔夫下网捕鱼。山路蜿蜒，已有旅人挑担而行。山高水长，人行其间是如此的渺小。沐浴在天地间的勃勃生机中，他们天然地选择依天时而动，依地势而行。

郭熙是北宋宫廷画家，《早春图》创作于 1072 年，也是宋神宗大力支持王安石除弊去疴、开始变法的那年。这幅大自然的《早春图》，也寄托着僵冻凝滞的大宋王朝布新改革的早春之梦，顺应天意大势，任重道远，充满期待。此段历史光阴，有如杜甫《登楼》诗中所言："锦江春色来天地，玉垒浮云变古今。"

北宋 郭熙《早春图》台北故宫博物院藏

■ 时节风物 | 茶梅开，鸿雁回，春之酣，春之眠

茶梅开

　　寒梅、山茶都是耐寒之花，尤具早春气息。梅花高洁，茶花富艳。两全其美，便是春天的上佳风采。南宋理学家魏了翁又把茶梅之品上升到了人生境界：

次韵李肩吾读易亭山茶梅

〔宋〕魏了翁

梅华鹤羽白，茶华鹤头红。

拱揖鹤山翁，始授宗人同。

山间两宾主，穷极造化功。

易终得未济，曹未观齓风。

或嗟生处远，不近扶木东。

谁知天然贵，正在阿堵中。

喧寂四时耳，寒至窒斯穹。

冷眼看千古，声色沈英熊。

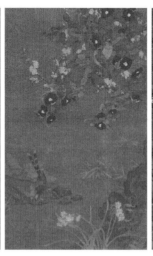

1	2	3

1 南宋 佚名《山茶梅花图》台北故宫博物院藏

2 明 佚名《茶梅三禽图》私人藏

3 明 吕纪《梅茶雄雀图》浙江省博物馆藏

鸿雁回

春天里，大雁回归，寒暑交替，难免令人感慨人生苦短，自勉珍惜光阴。

南宋马麟的这幅《春郊回雁图》，与唐人畅诸的《早春》一诗也是惺惺相惜，有异曲同工之妙。

早春

〔唐〕畅诸

献岁春犹浅，园林未尽开。

雪和新雨落，风带旧寒来。

听鸟闻归雁，看花识早梅。

生涯知几日，更被一年催。

南宋 马麟 《春郊回雁图》 克利夫兰艺术博物馆藏

春之酣

在古代，新春饮酒之风有多盛行呢？我们来看看明代画家戴进的这幅《春酣图》。

这是一幅弥漫着酒香的画卷。画中央一面酒旗迎风飘荡。老少爷们儿在家里的庭院喝，在河上的小桥喝，在山路上喝，在船头上喝。还有人背着大酒葫芦跑到密林里喝。骑驴的官老爷不胜酒力，几乎摇摇欲坠。引路的小童子也喝得昏头昏脑，不知所以。春忙时节，这个村儿的人喝成这样为哪般？

春风送暖，万物复苏。人们应当如何尽快唤醒自己藏养一冬的身体，及时做好迎接繁忙春耕的准备，同时还防备湿毒瘟疫的侵袭呢？

明 戴进 《春酣图》 台北故宫博物院藏

于是，由多种草药炮制而成的屠苏酒，便应运而生。屠苏酒先由名医华佗精心创制，后由药王孙思邈改良加持，有益气温阳、祛风散寒、避除疫疠之功效。

民间有从大年初一开始"春风送暖入屠苏"的习俗。古人岁饮屠苏，先幼后长，为幼者贺岁，为长者祝寿。所以苏辙得意地说："年年最后饮屠苏，不觉年来七十余。"

整个正月都是饮屠苏酒的时节。有条件的要喝，没有条件的创造条件也要喝。如果凑不齐做屠苏酒的草药，还可以喝用花椒的花炮制的椒花酒。花椒也不产的地方，还可以泡柏叶酒。屠苏酒一直流传下来，至今有售，每一个春天都可品尝享用。

春酣之群朋宴饮

1 唐 李思训《耕渔图卷》台北故宫博物院藏

2 明 周臣《春山游骑图》故宫博物院藏

3 清 吕焕成《春夜宴桃李园图》旅顺博物馆藏

4 清 罗聘《篆园饮酒图》大都会艺术博物馆藏

1 | 2
3 | 4

春酣之唯我独酌

宋代欧阳修在《醉翁亭记》中说："醉翁之意不在酒，在乎山水之间也。山水之乐，得之心而寓之酒也。"

1 南宋　马远《舟人形图》东京国立博物馆藏
2 南宋　马远《对月图》台北故宫博物院藏
3 南宋　鲁宗贵《买春梅苑图》台北故宫博物院藏
4 明　佚名《江上独钓图》私人藏

$$\begin{array}{c|c} 1 & 2 \\ \hline 3 & 4 \end{array}$$

春酤之不醉不归

游山西村

〔宋〕陆游

莫笑农家腊酒浑，丰年留客足鸡豚。

山重水复疑无路，柳暗花明又一村。

箫鼓追随春社近，衣冠简朴古风存。

从今若许闲乘月，拄杖无时夜叩门。

1 南宋 佚名 《柳荫醉归图》 故宫博物院藏

2 南宋 佚名 《花坞醉归图》 上海博物馆藏

3 明 戴进 《太平乐事图·田畯醉归》 台北故宫博物院藏

4 清 袁江 《醉归图》 旅顺博物馆藏

春之眠

唐代白居易有一首直白浅显的《春眠》诗，颇有情趣。

春眠

〔唐〕白居易

枕低被暖身安稳，日照房门帐未开。

还有少年春气味，时时暂到梦中来。

春眠也叫春困。大概是由于春日天气好，再加上人们事务忙、情绪高、应酬多等原因，总想睡懒觉。古代文人春眠的习惯也是源远流长。

唐代的王维说："翠羽流苏帐，春眠曙不开。"

唐代的孟浩然说："春眠不觉晓，处处闻啼鸟。"

明代的文徵明说："却有春眠浓似酒，不将朝市博江乡。"

身卧春光，神交天地。春眠在中国传统文化中也有着超凡脱俗、本自具足的哲学和美学意义。所以，古代描绘春眠题材的画作也很多，兴之所至，处处可眠。

1 南宋 佚名 《万花春睡图》私人藏

2 南宋 佚名 《眠琴煮茗图》台北故宫博物院藏

$\dfrac{1\ |\ 2}{3\ |\ 4}$

3 明 佚名 《渔父图》大英博物馆藏

4 明 周臣 《春泉小隐图》故宫博物院藏

惊蛰

农历二月初

公历
/
3月5日—7日

惊蛰,二月节。

万物出乎震,震为雷,故曰惊蛰。是蛰虫惊而出走矣。

一候桃始华;二候仓庚鸣;三候鹰化为鸠。

——元 吴澄《月令七十二候集解》

含义:春雷初响,惊醒了蛰伏中的万物。桃花感知春暖开始绽放。黄鹂鸟振翅高飞,一鸣惊人,宣告春天已到人间。老鹰飞返北方繁殖后代,已经不见踪影,斑鸠纷纷飞来,万物又重新开始了。

第三章　柔进上行

惊蛰节气,地球绕太阳运行至黄道十二宫的寅和卯之间,其节气特征基本与《易经》中的晋卦和随卦所反映的变化规律相吻合。

惊蛰,是二十四节气之第三个节气,春季的第三个节气。

时至惊蛰,阳气上升、气温回暖、雨水增多,万物生机盎然。是所谓"春雷惊百虫"。

二月阴阳相交,为卯月。卯者,冒也,乃是生发之月。惊蛰反映的就是自然生物受气候节律变化影响而出现萌发生长的现象,在指导农业生产方面也具有重要意义。

宋代诗人仇远有一首《惊蛰日雷》,生动描绘惊蛰之意境。

惊蛰日雷

〔宋〕仇远

坤宫半夜一声雷，蛰户花房晓已开。

野阔风高吹烛灭，电明雨急打窗来。

顿然草木精神别，自是寒暄气候催。

惟有石龟并木雁，守株不动任春回。

▌应时之征｜**仓庚弄音**

《易经·晋卦·彖》曰："晋，进也。明出地上，顺而丽乎大明，柔进而上行。"（晋，就是上进，好比太阳升到地面上，地上万物顺从并依附于太阳，柔和地向上生长。）

魏晋时期的陆机有一首《董桃行》，诗中云："和风习习薄林，柔条布叶垂阴。鸣鸠拂羽相寻，仓庚喈喈弄音。"描绘了惊蛰时节，斑鸠展翅相逐，黄鹂（仓庚）枝头啼鸣的景象。明代画家姚绶有一幅《竹树春莺图》，正与此诗情境交融。

一只展翅翻飞的黄莺（黄鹂）在空中来了一个类似急转弯的高难舞蹈动作，沐浴在春光中的喜悦欢快之情跃然纸上。黄莺（黄鹂），在古代被视为春天的象征。在它的羽翼之下，枯枝尚育嫩芽，篁竹已生新丛。惊蛰时节万物生发之象，跃然笔端。

明 姚绶 《竹树春莺图》 台北故宫博物院藏

▌ 顺时之人 | **春光初醒**

《易经·晋卦·象》曰: "明出地上, 晋; 君子以自昭明德。" (自昭明德: 君子应该自觉地展现出高尚的美德。)

　　春兰绽放, 桃花初开, 又是一年春风至。

　　画中这位正在梳妆打扮的仕女小姐姐似乎心情不佳。镜中的她面容姣好, 神情却郁郁不振, 似在感叹青春难驻, 韶华不在。

　　面前一座画满水波的大屏风, "问君能有几多愁? 恰似一江春水向东流"。似是她伤感心绪的写照。然而, 正如苏轼《赤壁赋》所言: "盖将自其变者而观之, 则天地曾不能以一瞬; 自其不变者而观之, 则物与我皆无尽也。"

　　如果用更积极的眼光来看, 纵然时光飞逝, 四季轮转, 但是春风又起, 江水恒流。生命的轮回无穷无尽, 又何足悲也?

　　春光日渐明媚, 相信画中美丽的女子, 很快也将走出寒冬休敛萧瑟的心情, 融入这惊蛰时节的勃勃生机中, 自己便是一道美丽的风景。

　　惊蛰时光, 随着草木虫鸟一起苏醒的还有人。人为万物之灵, 既随阳光雨露, 亦可自昭明德。

北宋 苏汉臣《妆靓仕女图》波士顿艺术博物馆藏

▋当时之务｜春耕农忙

惊蛰的节气时间，跟农历二月初二经常重合。古人经过长期观察发现，惊蛰时节不仅大地上的小虫都醒过来了，就连天上的东方苍龙星宿在冬眠(潜龙勿用)之后，也在此时抬起头了。所以民间就有了"二月二，龙抬头"的说法。

每年的农历二月初二晚上，苍龙星宿中代表龙角的角宿，开始从东方地平线上露头。大约半个时辰后，亢宿，即龙的咽喉，也升至地平线以上。接近子夜时分，氐宿，即龙爪也出现了。这就是"龙抬头"的过程。

这以后的"龙抬头"，每天都会提前一点时间，经过一个月左右，整个"龙头"就全部"抬"起来了。

东方苍龙七宿与中国悠久的农业文明息息相关。龙抬头，也意味着春耕的开始。"二月二，龙抬头，大家小户使耕牛。"惊蛰前后，中国广大地区的农民们也陆续进入了繁忙的春耕时节。宋代曾巩有诗云："土膏初动麦苗青，饱食城头信意行。便起高亭临北渚，欲乘长日劝春耕。"（《二月八日北城闲步》）

日出而作，日落而息，是古代农民的

清 金廷标 《春野新耕图轴》 台北故宫博物院藏

基本生活方式。《易经》所云"向晦入宴息"，就是古人春耕农忙时的真实劳作写照。中国古代是传统的农业国家，农业为立国之本。中国古代几千年来，朝廷和文人士大夫阶层都极为重视春耕生产活动，也流传下了大量春耕题材的画作。

明代画家戴进的《太平乐事图·耕罢》，描绘农民们结束了一天的春耕，黄昏时分喜乐而归的情景。

中间一人头戴斗笠，敞襟露怀，骑着耕牛而行。他挥起折枝，目视前方，像一位指挥千军万马的将军。周边三位健壮的农夫拿着耙子、锄头和叉子等农具赤脚相随。三人十分配合，都不约而同地看向中间的"骑牛将军"，似乎唯他"牛"首是瞻。

即便是最繁忙的春耕时节，农人们也不失忙闲有度、劳逸结合的工作节奏，日出而作，日落而息。画面和谐而幽默，充满了农夫们朴实乐观的劳动精神，也洋溢着轻松愉快的田园情怀。

戴进的另一幅《春耕图》，绘一农夫持鞭扶犁而耕，一农夫柳下小憩系履。通过一忙一歇的情景片段，窥一斑而知全豹，反映了春耕之忙碌，农人之辛劳。

明 戴进《太平乐事图·耕罢》台北故宫博物院藏

明代画家陆治的《春耕图》，绘牧童水塘浴牛，农夫林中牵牛备耕的场景。画家自跋："戴胜催耕陌草长，桃花林下放牛场。闲供作息无凡事，不管升沉数庙廊。"（庙廊指朝廷。）

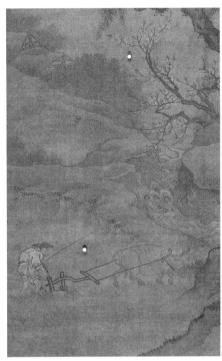

明　戴进　《春耕图》浙江省博物馆藏　　　明　陆治　《春耕图》台北故宫博物院藏

时节风物｜春雷动，桃花开，莺鹛鸣

春雷动

惊蛰雷动，雷如何画呢？

这幅由明代一位七十九岁的道家弟子所绘的《天师图》十分独特，反映出古人对雷雨雷电的认知。

明 陈槐 《天师图》 台北故宫博物院藏

画首圆光中的张道陵天师，二目圆睁，双眸斜睨，犀利的眼神可洞察一切邪魔，嘴角也露出自信诡谲的笑容。天师身旁立有一把宝剑，剑穗飘摇，威慑十足。

在张天师统领下，风雷云雨四神以一种古画中非常少见的融合构图形式依次排列，以此呈现它们交织共生的关系。

风神飞廉是一位面目慈祥的老大爷，手持一把芭蕉扇。据说他是蚩尤的师弟。与他紧密共生的是黑色的三眼尖嘴雷神江天君，他左手执楔，右手执槌。雷神的五个环悬连鼓分别隐现在四神周围。雷神的下面是云神，丰隆、屏翳、云中君都是他的名字。他手挥云旗，表情淡然。紧挨着云神的便是雨神赤松子了，他的衣袍上有雨点和雪花的纹样。雨神赤松子精通书文，一边口呼雨雪，一边还在提笔写字。

道教尊崇的张天师洞察天仪地象，可呼风唤雨。这幅天师图，艺术地描绘了中国古代关于风雷云雨诸神的传说，也巧妙呈现出他们之间的相互关系，暗含人们对风调雨顺的期盼，堪称明代道教题材的佳作。

桃花开

中国人对桃花的喜爱源远流长。从《诗经》中的《桃夭》可见一斑。

桃夭

桃之夭夭，灼灼其华。

之子于归，宜其室家。

桃之夭夭，有蕡其实。

之子于归，宜其家室。

桃之夭夭，其叶蓁蓁。

之子于归，宜其家人。

桃花艳丽，桃果鲜美，华食俱佳。所以盛开在春天的桃花，自古以来就被人们寄托了各种美好的祝福和期待。唐代吴融《桃花》一诗即表达了此意："满树和娇烂漫红，万枝丹彩灼春融。何当结作千年实，将示人间造化工。"

古画中自然也少不了桃花的身影。这幅传为北宋马贲所绘的《桃竹锦鸡图》，是一幅宋代皇室婚礼用画的样稿。以桃竹相配的物象，表达对男女婚姻的祝福和庆贺。

画面中心为一立石，一对锦鸡各居上下。雄锦鸡向阳居高而立，表达君子乾阳自强不息。雌锦鸡背阴伏地而息，表达淑女坤阴厚德载物。中间的厚重立石，象征阴阳和谐，爱情稳固，坚如磐石。

春天是万物生发的季节。画中竹劲桃芳，也各有寓意。竹子代表男方，桃树代表女方。一对上下翻飞，嬉戏相逐的燕子，则代表了喜庆祥瑞的祝福。

北宋 马贲（传）《桃竹锦鸡图》私人藏

1 宋 佚名 《桃竹双兔图》台北故宫博物院藏

1 | 2
—————
3 | 4

2 元 王渊 《桃竹锦鸡图》故宫博物院藏

3 元 王渊 《桃竹锦鸡图》山西省博物馆藏

4 元 王渊 《桃竹春禽图》台北故宫博物院藏

江畔独步寻花

〔唐〕杜甫

黄师塔前江水东，春光懒困倚微风。

桃花一簇开无主，可爱深红爱浅红？

这么好的桃花瞬间零落，太可惜了。不如煮桃花，酿美酒。浪漫的古人总有办法留住春天的味道。

明 陈洪绶 《酿桃图》私人藏

莺鹛鸣

黄莺，也就是黄鹂，一直都被古人视为春天的使者。唐代韦应物一首《滁州西涧》，深得春天动静相宜之美。

滁州西涧

〔唐〕韦应物

独怜幽草涧边生，上有黄鹂深树鸣。

春潮带雨晚来急，野渡无人舟自横。

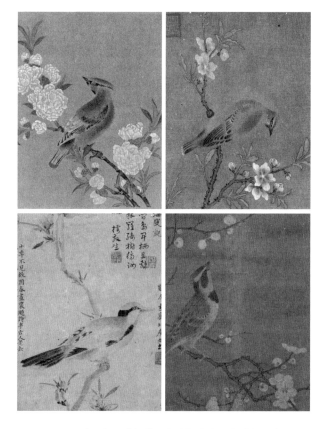

$$\frac{1}{3}\Big|\frac{2}{4}$$

1 宋 佚名 《桃花山鸟图》 台北故宫博物院藏

2 宋 佚名 《桃花山鸟图页》 大英博物馆藏

3 元 张中 《桃花幽鸟图》 台北故宫博物院藏

4 明 边文进 《梅花幽鸟图》 台北故宫博物院藏

春分，二月中。

分者，半也。此当九十日之半，故谓之分。

一候元鸟至；二候雷乃发声；三候始电。

——元 吴澄《月令七十二候集解》

含义：春分这一天昼夜等分，春天已过去一半。在南方越冬的燕子又飞回北方，衔泥筑巢，开始新一年的生活。阳气生发，春雷隆隆有声，久违的电闪雷鸣，仲春来了。

春 分

农历二月中

公历

3 月 20 日 — 22 日

第四章　壮勿妄动

春分节气，地球绕太阳运行至黄道十二宫的卯位左右，其节气特征基本与《易经》中的大壮卦和需卦所反映的变化规律相吻合。

春分，是二十四节气之第四个节气，春季的第四个节气。

春分之名，源于此节气当春之半，故名为春分。由于这天太阳直射在赤道上，所以南北半球的白天和夜晚时间一样长。古有"春分祭日，秋分祭月"的礼制。

春风和煦，鸟语花香，带给人无限的欣喜，也使人生出无限的眷恋。宋代诗人葛胜仲一首《蝶恋花》，字里行间，都是想把春留住的不舍心情。

蝶恋花

〔宋〕葛胜仲

已过春分春欲去。千炬花间，作意留春住。一曲清歌无误顾。绕梁余韵归何处。

尽日劝春春不语。红气蒸霞，且看桃千树。才子霏谈更五鼓。剩看走笔挥风雨。

▌应时之征 | 柳燕春回

《易经·大壮卦·爻辞》："小人用壮，君子用罔。"（大意：君子不妄动蛮壮之力。）

春分一候元鸟至，元鸟就是燕子。

春天，是燕子的主场。

元代盛昌年的这幅《柳燕图》，淡淡的柳叶嫩芽初发，细细的柳枝随风摇曳，两只燕子上下翻飞，荡漾其间。两只燕子一上一下，一背一面，一静一动，一黑一白，皆是阴阳和谐相对的布局。

《易经》中，阴上阳下谓之"泰"，乃是春天万物生发的吉祥之意。春天里，天地之气相交，小往大来，生机勃勃。几乎所有的《柳燕图》都会重点描绘春风，呈现惠风和煦、柳条柔顺、燕舞其间的景象。

燕子飞行于春夏，特性是随风就势。所以，盛昌年的这幅《柳燕图》中，柳条婀娜飘逸，燕子灵动轻盈，还有应机而发、随机而动、顺应天时的寓意。后人葵丘生鉴赏题诗："杨柳风多暑气微，二只下上故飞飞。如何长恋芳塘景，秋社归时也不归。"燕子才还，已是不舍其秋归的眷恋之情。

时至春分，天地间虽然充满了茁壮的生命力量，但温和柔顺应仍是春天的底色，飘摇的柳枝和轻巧的燕子最能反映春天的本质。一切都在成长中的时候，力壮则蛮，所以要壮勿妄用。

元 盛昌年 《柳燕图》 故宫博物院藏

▌顺时之人│携琴访友

《易经·需卦·象》曰："云上于天，需；君子以饮食宴乐。"（大意：享受生活，吃喝宴乐是人的本能需求。）

中国古代传统音乐也与节气时令有关。

古人为了预测节气，将芦苇膜烧成灰，放在 12 根竹筒做的律管内，按长短次序将竹管排列好插到土里。奇数表示阳，偶数表示阴。奇数的六根称为"律"，偶数的六根称为"吕"。到了某一节气，相应律管内的灰就会自行飞出并随风声发某种声音。

立春之际，律管发出的声音为"大族"，在中国古代五音"宫商角徵羽"中被称作角音。所以说，角声就是春天的声音，春声即为号角之音。"闻角声，则使人恻隐而好仁。"

古人为什么要在春天携琴访友呢？

我国传统医学有着"五音五行"的说法，认为五音可对相应的五脏起到调节梳理作用。《黄帝内经》记载："天有五音，人有五脏；天有六律，人有六腑。"又载："角为木音通于肝，徵为火音通于心，宫为土音通于脾，商为金音通于肺，羽为水音通于肾。"元代名医朱震亨明确指出："乐者，亦为药也。"他主张将音乐作为一种精神疗法。携琴访友，同屠苏春酒、五辛春盘一样，五音入耳，舒爽五脏，唤醒身体，振奋精神，解脱冬困。古代携琴访友的画题，典雅含蓄，创作经久不衰，画作数不胜数。这个画题有双重意境，一个在携琴，一个在访友。

元 盛懋（传）《春山访友图》克利夫兰艺术博物馆藏

对于武将侠士，宝剑在藏不在露，将威慑根植于对手的内心。对于文人雅士，古琴在携不在弹，寓雅致于不辞劳旅的携行和久别重逢的情感。

最动人的琴声回响于知音之间的分享。没有另一颗心灵的共鸣，再美的旋律也是孤寂的颤音。携琴而行的画面把这些最高燃的情境，在时间上留给了未来，在空间上留在了画外，也把无尽的想象留给了观者。

同携琴一样，访友的意境也是在访不在聚。聚则音容笑貌，具化定格，笔尽象穷，情泄意亏。主人在期待中等候，客人在盼望中行进，见未见之见，言未言之言。情感张力饱满，画境无穷，意蕴悠长。

留白，不仅存在于画面中，也存在于意象中。铺垫好情境，留下充分的想象空间，就会笔尽而意连，境界自高。

携琴访友，访而未见，高潮序曲，无限想象。正如这春天带给人们的无限可能。

人是社会化的动物，人以群分，交流聚会，饮食宴乐也是自然本能。携琴访友不仅是古画中的一个传统话题，也是一个流传久远的审美定势。

1 明 文徵明 《携琴访友图》 辽宁美术出版社藏

2 明 蒋嵩 《携琴访友图》 大英博物馆藏

$\dfrac{1}{3}\Big|\dfrac{2}{4}$

3 明 孙枝 《携琴访友图》 故宫博物院藏

4 清 上睿 《携琴访友图》 旅顺博物馆藏

当时之务 | **集贤谋事**

《易经·大壮卦·象》曰："雷在天上，大壮；君子以非礼弗履。"（非礼弗履：不合礼法的事情不做。）

　　唐太宗李世民继位之前，曾创建文学馆，招纳贤才，聚会研讨，为日后治世进行人才储备。其中杜如晦、房玄龄、于志宁、苏世长、姚思廉等杰出者，被称为十八学士。

　　此《春宴图》旧题"唐人春宴图"，所绘就是十八学士春天集会宴饮的情景。图卷长近五米，场面宏大，十八位学士姿态各异，不拘一格，提笔驾鹰，各具风采。李世民经常与十八位学士一起整理典籍、研究政事、探讨策论等。

　　"凡事豫则立，不豫则废。"一年之计在于春，十八位才华横溢的学士在春天的聚会，也预示着大唐贞观盛世的来临。

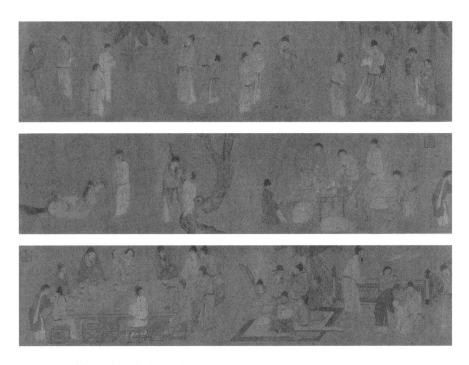

南宋　佚名《春宴图》故宫博物院藏

▍时节风物 | **春燕飞，春泉涌，春初钓，春之聚**

春燕飞

燕子是吉祥之鸟，在古代被称为"紫燕"，燕子进家门意味着"紫气东来"；燕子筑巢繁衍后代，有着子孙兴旺、福寿绵延的吉祥寓意。

南宋画家毛益的《柳燕图》，用细腻的观察和笔墨，描绘出春天里柳树上燕子一家的温馨生活。春风徐徐，岸柳飘摇，燕子妈妈站在枝头，似在哺喂两只嗷嗷以待的小燕子。一只公燕则在一旁翻飞觅食。一派生机勃勃的祥瑞景象。

南宋 毛益《柳燕图》弗利尔美术馆藏

$\dfrac{1\ |\ 2}{3\ |\ 4}$

春游湖

〔宋〕徐俯

双飞燕子几时回？夹岸桃花蘸水开。

春雨断桥人不度，小舟撑出柳阴来。

春泉涌

春雨降则春泉涌。春天的泉水，涤沉濯新，灵动甘洌，实乃春之一宝，故而也深得古人青睐。

明代画家文徵明的《听泉图》中，春雨过后的黄昏，一道清澈的泉水在疏林间曲折流淌，一红衣文士人盘坐泉边侧耳听泉。

林间薄雾迷蒙，意境灵秀清旷，泉声似能从寂静的画中传来。画家自跋："空山日落雨初收，烟树沉沉水乱流。独有幽人心不竞，坐听寒玉竟迟留。"叮咚的泉水或许可以净耳洗心，引得历代文人墨客寻泉不止，纷至沓来。

明 文徵明《听泉图》台北故宫博物院藏

1 元 佚名《松泉高士图》辽宁省博物馆藏

2 元 赵孟頫《观泉图》台北故宫博物院藏

3 明 文徵明《松下观泉图》台北故宫博物院藏

4 清 华嵒《观泉图》辽宁省博物馆藏

1	2
3	4

春日山家

〔唐〕宋之问

今日游何处，春泉洗药归。

悠然紫芝曲，昼掩白云扉。

鱼乐偏寻藻，人闲屡采薇。

丘中无俗事，身世两相违。

春初钓

　　春钓，往往有一种不钓之钓的情致。冰河始开，水边初钓不须舟。

　　　1　北宋　杨日严《柳荫休憩图》收藏不详

1｜2　　2　明　沈周《钓月亭图》台北故宫博物院藏

3｜4　　3　明　沈周《柳荫坐钓图》故宫博物院藏

　　　4　明　唐寅《松溪独钓图》台北故宫博物院藏

渔父

〔五代〕李煜

浪花有意千里雪，桃花无言一队春。

一壶酒，一竿身，快活如侬有几人。

春潮才至，轻舟晓发试渔情。

1 南宋 张训礼《春山渔艇图》台北故宫博物院藏

$\frac{1}{3}\bigg|\frac{2}{4}$　2 南宋 佚名《松溪放艇图》故宫博物院藏

3 南宋 佚名《柳溪钓艇图》故宫博物院藏

4 南宋 李唐《松湖钓隐图》台北故宫博物院藏

访陆羽处士不遇

〔唐〕皎然

太湖东西路，吴主古山前。

所思不可见，归鸿自翩翩。

何山赏春茗，何处弄春泉。

莫是沧浪子，悠悠一钓船。

春之聚

在古代，春天是文士雅集的季节，是官员往来的季节，也是走亲访友的季节。总之，春天是相聚的季节。

会昌九老

相传唐朝时，由胡杲、吉玫、刘贞、郑据、卢贞、张浑、白居易、李元爽、禅僧如满九位七十岁以上的友人在洛阳龙门之东的香山结成"九老会"。

会昌五年（845）三月某日，他们在白居易家中聚会，饮酒赋诗，挥笔作画。史称"会昌九老"或"香山九老"。

这是传为北宋李公麟所作的《会昌九老图》。开篇竹林小径，引出一个精雅的水榭，三人在其中抚琴听曲。古木掩映下，另有二人在溪流中行船对弈。卷中的主会场，有四人正在展卷交流，激扬文思。一位仆人拎着酒壶走过一座小桥，把观者视线又接入一座草亭，亭中摆放着 4 个坐墩，有人正在打扫四周，预示着这里即将展开一场诗文酒会。

这幅画作，运用细笔白描手法，把立体的三维空间描绘得结构清晰，透视准确。一条溪流串联起了全卷的时空。

卷首未见其人，先闻琴音，以悠扬的琴声引导空间推进。船上棋局有如莫测人生。动静之间享受博弈之趣，输赢之后不知舟楫归处。卷尾又以静谧的空亭虚位预示将来，用这种留白手法，留给观者丰富的想象空间。九位老人在这样的典雅悠然的时空流转中续写着自己人生的精彩。

构思精妙，内涵隽永，隐含着对人生、时空和自然的深度思考。

北宋 李公麟《会昌九老图》故宫博物院藏

洛阳耆英

这幅宋画描绘了北宋十三位"退休老干部"聚会的情景。这些"老干部"可是不一般。

北宋神宗元丰五年（1082），退休后闲居洛阳的宰相富弼与好友文彦博商议，仿照唐代白居易组建"香山九老会"的形式，也组织一个"退休老干部"的聚会机制，并按年龄降序，轮流作东，当时谓之"洛阳耆英会"。

他们最终选定了十三位年龄相仿、资历相当、志趣相投的会员，其中官位最高的为富弼和文彦博，均当过宰相。年龄最大为富弼，七十九岁。其次是文彦博，七十七岁。年龄最小的是司马光，"年仅"六十四岁。

司马光当时尚未退休，其实并不符合入会标准，但因他声望高、学问好、人缘不错，又正好在洛阳居住，便被"强拉入伙"。更深层的原因是，他当时是皇帝身边的近臣（时任端明殿学士兼翰林侍读学士），有他入会，皇上放心，大家安心。

于是，在洛阳的春天里，十三位"退休高官"弈棋读书，观花饮茶，闲适淡然，悠然自得。

画中有一细节，往昔官员身边抱官印的童子改抱梅瓶，意味深长，实乃画龙点睛之笔。

宋 佚名 《洛阳耆英会图轴》 台北故宫博物院藏

朝官雅集

　　明宣宗朱瞻基在位时，宣德二年三月初一，工部尚书杨荣在自家杏花绽放的杏园召开了一次著名的官员聚会活动，史称"杏园雅集"。

　　因孔子在杏坛讲学，唐朝开始又为每次的新科进士举行杏园宴。所以杏坛杏园就成了古代科举教育的代名词。教育和人才乃立国之本，杨荣召集此次有人才培养含义的雅集就有了一定的正当性和隐蔽性。可以让当时的皇帝明宣宗朱瞻基更放心一些。

　　《杏园雅集图》里到场的是九位朝中大员。一品兵部尚书杨士奇，一品工部尚书杨荣，正二品礼部尚书杨溥，正三品礼部侍郎王英，四品少詹事王直，正五品的左庶子周述，四品少詹事钱习礼，从五品的侍讲学士李时勉和陈循。

　　他们之间有着同年同科和同乡的关系。如杨荣和杨溥都是建文二年进士；王直、王英和周述都是永乐二年的进士；钱习礼和周述是同乡；杨士奇、王直、陈循也是同乡。

　　但是皇上没有那么好糊弄，于是宫廷画家出身的五品锦衣卫千户——谢环也受邀出现在了雅集中。谢环果然不负皇恩，事后带着人一口气画了九幅《杏园雅集》，把这次官员聚会活动画得明明白白。参与的大臣人手一幅，互为佐证，以资留念。

　　事后，所有参与雅集活动的大臣都写了感谢皇恩、一表忠心的诗文。

　　杨荣："予数人者得遂其所适，是皆皇上之赐。"

　　杨溥："愿兹春阳辉，遍照覆盆下。"

　　周述："馆阁属休暇，共喜逢明圣。"

　　钱习礼："良辰属休沐，皆云荷君恩。"

　　……

明 谢环 《杏园雅集图》 大都会艺术博物馆藏

《杏园雅集图》不仅在文化和艺术层面反映了雅集从魏晋以来传统的文人雅集向官员雅集转变，更有其深刻的政治意义。

这次明代中早期的文官杏园雅集活动，开明代文官集团裙带结党的先河，也传递出有可能威胁皇权的第一个危险信号。此后明朝官员的雅集活动也就越来越多了。明代围绕着皇权与代表大地主、大财阀利益的文官集团的矛盾斗争也越来越激烈了。

惠山茶会

该图作于正德十三年戊寅（1518），时年文徵明49岁。

正德十三年二月十九日，文徵明与好友蔡羽、王守、王宠、汤珍等到无锡惠山游览，在二泉亭品茗赋诗，相叙甚欢。事后他便创作此画，以资纪念。

泉水是生命之源，自古以来备受人们的重视。唐代饮茶盛行，对水也进行了更深的研究，并出了三位"品水达人"，分别是陆羽、刘伯刍和张又新。对于"谁是天下第一泉"大家意见不统一，但这三位一致推举无锡的惠山泉为"天下第二泉"。

因此，惠山泉自唐代以来就十分有名，被誉为"人间灵液"，慕者如云。宋代的蔡襄、欧阳修、苏轼等都品尝过惠泉水。

明正德十三年（1518）春天，文徵明与朋友相约在无锡惠山茶会。可能感觉太过美好，文徵明绘图多幅赠予友人留念。至今尚有两幅《惠山茶会图》存世，分别藏于故宫博物院和上海博物馆。

两幅画作大同小异。山间松林，泉井茅亭，环境幽雅，友人们或围井而坐，或散步林间，或赏景闲谈。童子在一侧烧水烹茶。按卷后序言所记，此次聚会根

明 文徵明 《惠山茶会图》 上海博物馆藏

据陆羽《茶经》的观点，"注泉于王氏鼎，三沸而三啜之"，以求"识水品之高，仰古人之趣"。可谓风雅之至。

据史料记载，自唐代开凿伊始，惠山泉就有上圆下方两处泉池。上圆池水质更好，泉水都在这里汲取饮用。那方泉池也并非无用。物华天宝，人杰地灵。甘冽的惠山二泉不仅滋养了千年的古代人文积淀，还哺育了我国优秀的民间艺术家瞎子阿炳和他蜚声海内外的名曲《二泉映月》。

春季归宁

明代画家戴进的《太平乐事图》册页中有一幅《骑牛》，描绘了古代女子春天回娘家探亲路上的情景。

小河流水，柳枝轻扬，一童子准备牵牛过桥，回头提醒后面骑牛的女子注意安全。坐在牛背上的年轻母亲头戴围巾，正在乳喂婴儿。旁边有一挑夫荷担相随，包裹箱盒中装的应该都是看望父母的礼品。扁担上还系着一只肥硕的白鹅。画面轻松明快，意趣盎然。

在传为唐代李思训所作的《耕渔图卷》中，也描绘了出嫁多年的女子春季携子女回娘家看望父母的情景。

久别重逢，情深礼重，她的女儿正在向姥爷伏地跪拜。女子省亲的队伍规模不小，后面仍有挑夫相随。有趣的是在他的担子里也有一只肥硕的白鹅。看来送大鹅是古代女子回娘家探亲的标配。

古代出嫁女子春季省亲的习俗由来已久。五代时期的吴越王钱镠，曾写给春季回家省亲的妻子一封信，信上只有短短九个字："陌上花开，可缓缓归矣。"简洁而真切地表现了一个丈夫对妻子深沉内敛的思念和爱意。钱镠本不大识字，后人却认为这封短信不过数言，而姿致无限，艳称千古；虽复文人操笔，无以过之。

中国文化博大精深，源远流长，仅从春季女子回家省亲的传统就可见一斑。《诗经》中《葛覃》记录了两千多年前的女子在草长莺飞的春天归宁省亲的心声。

明　戴进《太平乐事图·骑牛》台北故宫博物院藏

唐　李思训《耕渔图卷》台北故宫博物院藏

葛之覃兮，施于中谷，维叶萋萋。

黄鸟于飞，集于灌木，其鸣喈喈。

葛之覃兮，施于中谷，维叶莫莫。

是刈是濩，为絺为绤，服之无斁。

言告师氏，言告言归。

薄污我私，薄浣我衣。

害浣害否？归宁父母。

2000 多年以后，一首《回娘家》的歌曲，仍然流传在中华大地上——

风吹着杨柳嘛，唰啦啦啦啦啦

小河里水流得儿，哗啦啦啦啦啦

谁家的媳妇，她走得忙又忙呀，原来她要回娘家

身穿大红袄，头戴一枝花

胭脂和香粉她的脸上擦

左手一只鸡，右手一只鸭

身上还背着一个胖娃娃呀

咿呀咿得儿喂……

清明，三月节。

万物齐乎巽，物至此时皆以洁齐而清明矣。

一候桐始华；二候田鼠化为鴽；三候虹始见。

——元 吴澄《月令七十二候集解》

含义：三月，温暖的东南风吹起，带来丰沛雨水。白桐花盛放，烈阳之气渐盛，喜阴的田鼠躲回地下洞穴，喜阳的鴽鸟则开始出来活动。清明时节多雨，雨后彩虹始见。

清明

农历三月初

公历
/
4月4日—6日

第五章　有孚改命

清明节气，地球绕太阳运行至黄道十二宫的卯和辰之间，其节气特征基本与《易经》中的革卦、讼卦和蛊卦所反映的变化规律相吻合。

清明，是二十四节气之第五个节气，春季的第五个节气。

清明既是自然节气，也是传统节日。自古以来，扫墓祭祖与踏青郊游是清明节的两大礼俗主题活动。宋代程颢有一首《郊行即事》，甚合清明情致。

郊行即事

〔宋〕程颢

芳原绿野恣行时，春入遥山碧四围。

兴逐乱红穿柳巷，困临流水坐苔矶。

莫辞盏酒十分劝，只恐风花一片飞。

况是清明好天气，不妨游衍莫忘归。

■ 应时之征 | 牛鸟同框

《易经·革卦·爻辞》："九四，悔亡，有孚改命，吉。"（有孚改命：遵循天道，用诚信积累威望，改变命运。）

在春天牧牛题材的古画中，我们经常可以看到牧童与老牛和小鸟同框的情景。艺术源于生活，其实这和传统的春耕、春牧劳动有关。

春耕时节，农民伯伯要赶着耕牛下田耱地，把一冬后板结的土地翻松，土块耱碎。这个时候，聪明的喜鹊、八哥等鸟儿就会跟在牛后面，啄食田地里翻出来的虫子。有时候小鸟也会知恩图报，帮助老牛消灭隐藏在身上的"坏分子"。牛鸟如此分工协作，农民伯伯自然也乐开了花。

此外，春天放牛的时候，老牛吃草也会惊起草丛中的昆虫，引来鸟儿们跟随捕食。

老牛吃草和干活儿一样认真，还要慢慢地多次反刍。为了打发漫长的时光，无聊的牧童难免忍不住要对一旁的小鸟下手。得手后的牧童就可以和老牛愉快地共享春光了。

春天里万物和谐共生。小鸟、老牛和牧童组成的清明"黄金搭档"，不仅符合天道，还是蓄含着灵动与憨厚、轻巧与稳重、智慧与力量、有声与无言的组合搭配，极具审美情趣。

人和动植物之间自然形成的生态链十分玄妙，仿佛是有一双无形的手把他们组织在一起分工协作。这一双无形的手就是自然规律，也就是《易经》中所说的"孚"的内涵。有孚改命的意思就是遵循这种自然规律，形成信约合作，大家的命运就都会好起来。

元 佚名 《柳荫归牧图》 藏地不详

▌顺时之人｜风雨牧归

《易经·讼卦·象》曰："天与水违行，讼；君子以作事谋始。"（古人观察，
天从东向西转动，江河百川之水从西向东流，天与水是逆向而行的。此外，天就高，
水就低。这都象征着人们由于意见对立，引发争议和诉讼。所以君子要深谋远虑，
从做事开始就要消除可能引起矛盾争端的因素。）

　　清明时节，风雨如晦。《风雨牧归图》充分体现出这一气候特点，不画一滴
雨，却把一场急风暴雨描绘得淋漓尽致，出神入化。

　　画中灌木杂草随风摇摆。柳树枝叶在雨中狂舞，粗壮的树干，厚厚的树皮，
也被雨水浸得湿漉漉水润润。一前一后两个骑牛的牧童迎着风雨艰难地行进。前
面的牧童弯腰低头，双眼难睁，手扶斗笠，紧紧地贴在牛背上，身上的蓑衣也被
大风吹成了刺猬一般。牧童腿部的肌肉线条清晰可见，似乎稍一松劲儿就会被大
风吹下牛背。见多识广的老牛似乎也未曾经历过这样大的风雨，焦虑不安地回头
张望身后的小牛。小牛显然被突如其来的狂风暴雨吓到了，神色慌恐地望着老牛。
它背上的小牧童也早已乱作一团，爬向牛背后部，无奈地望着自己被大风吹落到
地上的斗笠。

　　李迪以极其细腻的笔法，把两头水牛被雨水淋透的毛发表现得逼真形象。其
脸部、腹部下方细密的牛毛根根直立，仿佛在滴答滴答不停地滴着水珠。

　　传神之处还不止于此。你见过奔驰的骏马尾巴会飘起来，你见过飘起来的牛
尾巴吗？此画让我们见识到了被大风吹得飘起来的牛尾巴，足以载入艺术史册了。
逆着风雨行进就会举步维艰，风雨本就是一对矛盾。防雨水的斗笠却防不住大风，
难免被吹飞。不知道这是不是"天与水违行"的另一种表达。这两位小牧童在春
天的风雨中与牛犊一起成长。君子以做事谋始，从小接受了锻炼，长大以后他们
应该也会像前面那头老牛一样从容应对各种风风雨雨了。

南宋 李迪 《风雨归牧图》 台北故宫博物院藏

▌ 当时之务 | 兰亭雅集

《易经·蛊卦·象》曰："山下有风，蛊。君子以振民育德。"（山下有风，可以风化改变事物原来的样子。君子可以利用这种规律，居高教化，振奋民众精神，培育民众品德素养。）

　　兰亭雅集，东晋文人雅士的一次旷世集会。中国传统文化中一道独特的风景线。

　　东晋永和九年（353）三月初三，上巳节，时任会稽内史的右军将军王羲之，召集筑室东土的一批名士和家族子弟，共 42 人，于会稽山阴之兰亭（今浙江省绍兴市西南十许公里处）雅集聚会，举办"游春诗词会"。激扬情思，饮酒作诗，挥洒文采，论道崇德，首开历史上文人雅集的先河。

　　此次雅集有谢安、谢万、孙绰、王凝之、王徽之、王献之等名士参加，当天共有 26 人作诗 32 首。王羲之"微醉之中，振笔直遂"，写下了千古传颂的《兰亭集序》。

　　这次兰亭雅集也称"兰亭修禊"，什么叫"修禊"呢？

明 文徵明 《兰亭修禊图》 故宫博物院藏

此习俗源于周代，每年农历三月上旬"巳日"这一天（魏以后始固定为三月三日，称为上巳节），人们到水边举行祭祀仪式，沐浴洗濯，举火烧毒，以求消污秽去灾邪，叫作祓禊，也称修禊。

汉以后，上巳节消秽祭祀的意味逐渐变淡，文人们开始相约雅集，戏水游玩，饮酒赋诗。历史上最为有名的修禊活动，当数王羲之组织的这次兰亭修禊。

其间，文人高士们做曲水流觞之戏。以觞盛酒，以盘托觞，置于水上使其顺流而下。各人分坐于曲折的溪水旁，若酒觞盘停止于某人面前，他就必须一饮而尽即席赋诗，否则就要罚酒。

兰亭修禊，曲水流觞，沐春风而育新生，濯清流而消污邪，顺天意而咏人文。

天做一半，我做一半。非常吻合古人"天人合一"价值观。因而兰亭雅集成为中国古代经典的审美主题，也是宋元明清历代画家经久不衰的画题，无数的画家为之折腰提笔，挥毫泼墨，图以言志。

兰亭雅集之后，曲水流觞也成为中国古代园林营造的一个重要主题。千百年来，长盛不衰。其历史逻辑，大概是缘于它为那些既仰慕自然又留恋世俗的中国古代文人提供了一个聊以慰藉的矛盾折中方案。兰亭雅集亦是山下有风，文人高士们写诗集册欲行文德雅趣之教化。但是，逍遥自在如山间曲水，功名利禄在手握杯中。千百年来，又有几人可两者兼得？

■ 时节风物 | 鹌鹑出，百花开，童牧牛，人游春

鹌鹑出

《礼记·月令》上说清明时节"二候田鼠化为鴽"，田鼠当然是不可能转化成鹌鹑的，这句话应该理解为，田鼠隐藏在春天的田野，而鹌鹑开始在地面上现身觅食。

清代画僧朱耷（八大山人）的《柳枝鹌鹑图》应该最能体现出春天鹌鹑的特点。

蛰伏了一个冬天之后，刚刚活跃起来的它们，身体亟须补充能量。柳枝轻摇，画中的这只小鹌鹑身形机敏，眼神疾厉，似乎正紧盯着一个出头的小虫准备啄食。

鹌鹑还有平安祥和的寓意，所以也是古画中的常客，几乎一年四季都有它们的身影。

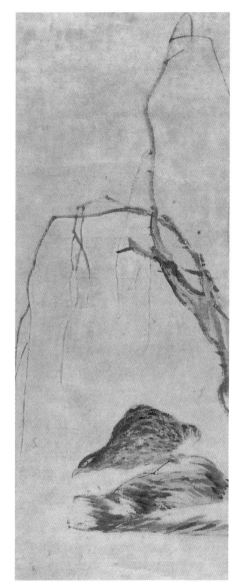

清 朱耷 《柳枝鹌鹑图》 收藏不详

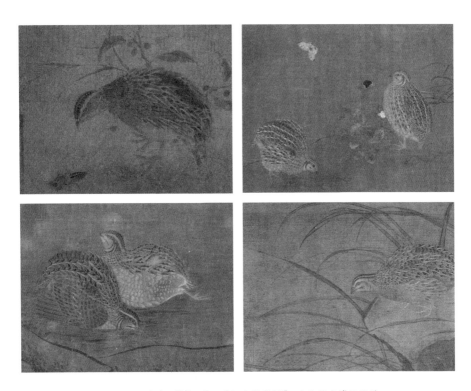

1 北宋 崔慤（传）《杞实鹌鹑图》台北故宫博物院藏

2 南宋 李安忠 《鹌鹑图》东京博物馆藏

3 南宋 李安忠 《野卉秋鹑图》台北故宫博物院藏

4 南宋 佚名 《鹌鹑图》故宫博物院藏

百花开

这幅百花齐放、瑞鸟集翔的《葫芦花瓶图》，是典型的铺殿花风格画作。

铺殿花，又称装堂花，是由南唐后主李煜倡导，其御用画师徐熙开创的一种绘画方式。其主要特征为以丛艳叠石、禽鸟蜂蝉为主要表现内容，画面密集，富丽堂皇，骈罗整肃。这是一种装饰性极强的花鸟画，起初专供宫廷挂设之用。铺殿花风格的画作虽然主要用于迎新贺岁的岁朝主题，但其百花齐放、争奇斗艳的浓烈特征非常适合用于表现多姿多彩的绚丽春天。

铺殿花的绘画风格主要盛行于五代与两宋。岁朝，即使一岁之朝，是新年伊始。宋代流行画岁朝图来祈愿一年喜庆祥瑞。铺殿花这种表现风格也用在了岁朝图的创作上，将岁朝主题下的花卉、禽鸟、奇石融汇在绮丽祥瑞的画面之中。

这幅铺殿花风格的《葫芦花瓶图》是岁朝图中的代表作。它将铺垫花稍显杂乱的画面，限定在葫芦形的花瓶瓶身上，寓杂乱于有序，不仅衬托出了精致典雅的画面，还赋予了美好的寓意。花瓶的瓶口绘有回首盘桓的凤凰，瓶颈装饰一条腾空飞龙，取"龙凤呈祥"之意。

葫芦上半部分以象征品德高洁的白色梅花领衔。下面从左至右主要绘有石竹花、荷包牡丹、锦葵、紫花地丁和兰花五种祥瑞花卉。蝴蝶蜗牛等小虫活跃其间，以示百草丰美，生机勃勃。

下半部分两块湖石之间，寓意青春永茂的萱花、象征繁荣兴旺的石榴花和代表恭良谦和的山茶位居中央。

左侧凌霄高开声誉远扬，牡丹盛放富贵吉祥。青松、菊花与寿带鸟构成了"长寿延年"组合。右侧荔枝盈盈，竹节攀高，形成了"有利节高"搭档。

下方则是金玉满堂的水仙与气质高洁的荷花联手，它们洁净的白色呼应了上方的杏花，也使纷繁的画面尽量免于躁气。

此画咫尺之间花草繁茂，交叠穿插杂而不乱。生发于内而工形于外，生机盎然又富贵祥瑞，充满了春天的气息。

元 陈琳 《葫芦花瓶图》 私人藏

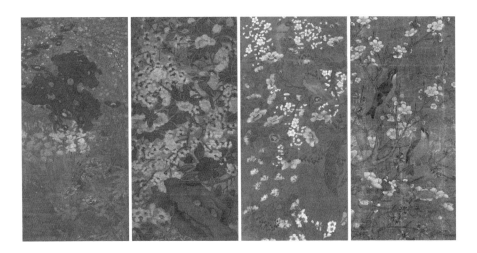

|1|2|3|4|

1 北宋 赵昌《岁朝图》台北故宫博物院藏

2 南宋 佚名《画新韶花鸟》台北故宫博物院藏

3 南宋 李迪《花鸟图》台北故宫博物院藏

4 元 李煜《铺殿花鸟图》藏地不详

春日

〔宋〕朱熹

胜日寻芳泗水滨，无边光景一时新。

等闲识得东风面，万紫千红总是春。

童牧牛

牧童骑牛，携鸟同归，是古代春天的独特景象，是一曲大自然谱写的田园牧歌，也成就了千百年来中国画中一套浑然天成的春天审美定势。

清 王翚《平林散牧图》辽宁省博物馆藏

1 南宋 毛益 《牧牛图》 故宫博物院藏

2 南宋 毛益 《牧牛图》 西雅图艺术博物馆藏

3 元 佚名 《柳荫归牧图》 藏地不详

4 明 戴进 《牧牛图》 台北故宫博物院藏

牧童

〔宋〕周敦颐

东风放牧出长坡，

谁识阿童乐趣多。

归路转鞭牛背上，

笛声吹老太平歌。

人游春

春游画中

《游春图》是隋代画家展子虔唯一的传世作品，是青绿山水画的鼻祖，也是迄今为止中国存世最古老的画卷。

在此前东晋顾恺之的《洛神赋图》（北宋摹本）中，山水还是人物故事的背景。有着"人大于山""水不容泛""树木若伸臂布指"的鲜明特点。

从隋代开始，山水逐渐从人物故事画背景中脱离出来，山水画成为一门独立画科。《游春图》正好反映了这种变化过渡。

该画以山水为主体，人物比例很小，描绘了一片风景优美的山水之中，三三两两的游人，或骑马或步行或泛舟，游春赏花的情景。

画面采用俯览角度，将人物、民居、楼阁、小桥、舟船有机地组织串联在一起，布局合理，比例得当，层次分明。这都是山水画逐渐成熟的标志。

远方植被用石青色块点染，近处树木则精勾细描，独株呈现，互不叠交，疏不成林。这些特征则又反映出早期山水画的笔法尚未成熟。

隋代展子虔的《游春图》，不仅开启了中国山水画的时代，也开始了一个春游时代。

一年之计在于春，中国古代是农业社会，历来对春天十分重视，春季里上巳

隋 展子虔 《游春图》故宫博物院藏

节的祭祀活动十分盛大。春天草木生发，生灵苏醒，万象更新，人们也会沉浸其中，沐浴春光，与自然万物共享生机。

大唐初定，久乱天下终归一统，人们终于可以安定下来，进入正常的生活状态，对生机盎然的春天有着特别的共鸣。

郊野春游，成为人们体验自然魅力、向往美好生活的重要活动。享受春天，某种程度上也是享受大唐盛世。

唐代的春天里注定要发生许多故事。

而大唐盛世，也宛如中国传统文化历史长河里的春天。

曲江宴饮

说到唐代春游的盛行，绕不开两个重要活动的引导示范。一个是三月初三的上巳节，另一个就是每年朝廷举办的盛大官方活动——史上著名的"曲江宴"。

曲江池，位于陕西西安南郊，北临大雁塔，距城约五公里。它曾经是我国汉唐时期一处富丽堂皇、景色优美的开放式园林。曲江池两岸依地势连绵起伏建有亭台水榭、宫殿楼阁，并遍植各种花草树木，一年四季景色宜人。

曲江宴，是唐代进士放榜后的庆祝之宴。唐代科举秋季考试，次年春天放榜，皇帝也会亲自参加。新科进士正式放榜之日，恰好就赶上上巳节。

春暖花开，皇帝、王公大臣、

唐 李昭道 《曲江图》 台北故宫博物院藏

与宴者一边欣赏曲江边的春景，一边品尝美味佳肴。唐代诗人孟郊的"春风得意马蹄疾，一日看尽长安花"，说的就是此情此景。

唐代选拔官员的科举考试中，进士考试是最难的一科。要历时多年，通过礼部组织的层层选拔考试才有可能中第。正所谓"三十老明经，五十少进士"，可见考取之艰难。"岁岁人人来不得，曲江烟水杏园花"，举子们一旦中第，对这样一件关乎个人前途命运、门庭荣辱兴衰的大事，自然是要好好庆祝一番。庆祝的形式就是参加曲江宴。又因举行宴会的地点一般都设在曲江岸边杏园的亭子中，所以也叫"杏园宴"。

这种气象与孔子的杏坛讲学一脉相承，所以后来"杏园宴"也逐渐演变为文人雅士们尊师重教、吟诵诗作的"文坛聚会"。

好不容易中第的新科进士们需要一次彻底的放松，难免开怀畅饮。

他们把古人在小溪上举行的"曲水流觞"饮酒赋诗的雅戏，搬到了曲江上。依然放杯至盘上，放盘于曲江上，随水流转，酒杯流至谁面前谁就要举杯畅饮，并当场作诗，再由众人进行品评，称之为"曲江流饮"。

三月三日上巳节期间，曲江之上如此规模盛大又丰富多彩的庆祝文娱活动，自然会带动整个长安城老百姓的春游热潮。甚至让春游活动在整个大唐蔚然成风。

唐人李淖《秦中岁时记》中就曾写道："上巳（农历三月初三），赐宴曲江，都人于江头祓饮，践踏青草，谓之踏青履。"

江帆楼阁

早期的青绿山水画，大都在表现花红柳绿的美好春天。

隋代展子虔的《游春图》是这样，唐代李思训的《江帆楼阁图》也是这样。

该画描绘的依然是游春的场景，也是青绿与金碧结合的山水画。不过，与场面宽阔的全景式的《游春图》不同，该画以俯瞰角度仅仅绘制青山江岸之一隅，意境主题更加突出，技法明显也要更为成熟，似乎是南宋"一角半边"式构图山水画的鼻祖。

画作描绘江边春景。左侧峰峦高耸，山林葱翠，桃红柳绿，层叠错落。山脚下楼阁庭院若隐若现，有人流连庭廊。景观层次分明，结构清晰。江崖岸边两人驻足赏春，另有主仆四人沿江边小路而行，主人骑马，三个仆人挑担提物，前后相随。情境缓急相间，动静结合。画面右上方江水浩荡，波光浩渺，一只泊舟垂钓，两艘帆船远行。凸显了极目千里、江天一色的广阔天地。这一部分与左侧岸山形成了疏密对比，有山高水长之意。

　　春天万物生发，欣欣向荣。游人徜徉其间、乐山乐水。虚实相间，于江岸之一隅见广阔之天地。这样老道的构图布局，充分表明唐代的青绿山水画发展已日渐成熟。

唐 李思训 《江帆楼阁图》 台北故宫博物院藏

贵妇游春

　　唐代最著名的一幅春游题材画作，还当属唐朝画家张萱的《虢国夫人游春图》。原卷佚失，现存北宋赵佶《摹张萱虢国夫人游春图》。

　　此图描绘的是天宝十一载（752），唐玄宗宠妃杨玉环的三姊虢国夫人及其眷属侍从盛装春游的情景。图中共绘八骑九人，画家不着背景，突出表现人物。

　　首骑走在队前者，头戴幞头，身着青色长衫，细看却为女扮男装。唐代宫廷公主贵妇有穿男装的风尚。她的坐骑为尊贵的三花马，鞍座下刺有一腾飞猛虎，张牙舞爪，暗示"虢"字虎爪划痕之本意。障泥上刺绣一对鸳鸯，表明她与唐玄宗非同寻常的关系。此人目视前方，主导着队伍的行进，气度雍容，应该就是虢国夫人。

　　在队尾处，还有一匹只有王公贵族才能乘用的三花马，马上坐的应该是虢国夫人的女儿和乳母。左右两侧各有男女侍从保护。队中其余亲眷侍从各随其位，

北宋 赵佶 《摹张萱虢国夫人游春图》 辽宁省博物馆藏

有序跟进。

图中人马行进和谐，姿态雍容优雅，动势舒缓从容。凝神之间，大唐帝国皇家权贵的旷世繁华，从千年穿越而来。

春郊游骑

唐代达官贵人的春游，男女有别。《虢国夫人游春图》中，唐代贵妃贵妇们外出春游，走马观花，更像是一次雍容华贵的走秀。而在这幅传为唐代的《春郊游骑图》中，男人们春游的玩法完全不同。

画中共绘七人骑马于郊野游春。前面两人一左一右开道引路。中间一人骑马侧身成正面，神色沉静肃穆。其长袖衣衫与其余六人不同，马鞍下飘着代表高贵等级的四条皮鞘，是画中的男主角。

后面四位随从有的拿着长长的弹弓，有的拿着绸布包裹的马球棍，有的挟带着一把古琴。还有一位用皮绳穿戴，斜背着一支凤头酒瓶，腰上还系着杯盏盘碟等物。

这支保持战斗队形的春游队伍人数不多但气场强大，流露出一种精干利落、剽悍武勇之气。一次春游为什么要搞得如此威武雄壮呢？唐人深知五胡乱华之痛，充分吸收了游牧民族的尚武之风。唐代贵族往往也把春游视作一次练兵习武、强身健体的演练。

唐 佚名 《春郊游骑图》 台北故宫博物院藏

万民游春

从唐代起，春游真正成了一项全民活动。这在古诗中有不少记载。

"踏青看竹共佳期，春水晴山被禊词。"——唐 刘商《春游》

"逢春不游乐，但恐是痴人。"——唐 白居易《春游》

"三月三日天气新，长安水边多丽人。"——唐 杜甫《丽人行》

春游成为中国古代各阶层都普遍参与的传统活动。明代唐寅的《水村行旅图》为我们打开了古代春游的一幅全景式的画面。千万年来，文人雅士们在春天里骑行踏青的形象也成了一种传统的审美意象。

明 唐寅 《水村行旅图》印第安纳波利斯艺术博物馆藏

1 五代十国 董源 《江堤晚景图》 台北故宫博物院藏

2 宋 佚名 《春游晚归图》 故宫博物院藏

$\dfrac{1\;|\;2}{3\;|\;4}$

3 明 仇英 《春游晚归图》 台北故宫博物院藏

4 明 周臣 《春山游骑图》 故宫博物院藏

钱塘湖春行

〔唐〕白居易

孤山寺北贾亭西，水面初平云脚低。

几处早莺争暖树，谁家新燕啄春泥。

乱花渐欲迷人眼，浅草才能没马蹄。

最爱湖东行不足，绿杨阴里白沙堤。

谷雨

谷雨，三月中。

自雨水后，土膏脉动，今又雨其谷于水也。

一候萍始生；二候鸣鸠拂其羽；三候戴胜降于桑。

——元 吴澄《月令七十二候集解》

含义：时雨将降，雨生百谷，农事在即。谷雨后降雨量增多，浮萍开始生长。斑鸠或布谷鸟四处飞翔鸣叫，提醒农人该播种了。喜欢栖息于桑树的戴胜鸟也开始出现了。

第六章　君子夬夬

谷雨节气，地球绕太阳运行至黄道十二宫的辰位左右，其节气特征基本与《易经》中的夬卦、革卦等所反映的变化规律相吻合。

谷雨是二十四节气之第六个节气，春季的最后一个节气。

谷雨取自"雨生百谷"之意，此时降水明显增加，大大滋润了田中初插新种的作物秧苗。

谷雨也是采新茶、喝新茶的时节。

谷雨之美，可见北宋黄庭坚诗一首。

见二十弟倡和花字漫兴五首·其一

〔宋〕黄庭坚

落絮游丝三月候，风吹雨洗一城花。

未知东郭清明酒，何似西窗谷雨茶。

▌应时之征 | **鸡啄毒虫**

《易经·夬卦·爻辞》："君子夬夬独行，遇雨若濡，有愠无咎。"（大意：君子毅然决然地独自前行，虽然会遇上风雨湿身，引人不快，但是不会受到伤害。）

谷雨之后，气温升高，地表潮湿，病虫害虫进入了繁殖期和活跃期。古人认为的蜈蚣、蝎子、蟾蜍、蛇和壁虎五种毒虫要纷纷出场了。

谷雨时节的禁蝎、禁毒虫就成了古人防身避害、驱凶纳吉的传统习俗。

这幅传为元代的《写生花鸟图》，一紫冠白色雄鸡足踏红色蜈蚣，张嘴欲啄之。姿态英武，神情生动。画作以鸡捕蜈蚣的情景作为人们祈愿驱毒避害的象征。

图中盛开的蜀葵、萱花、栀子、石榴、百合、虞美人、石竹、石菖蒲等各式花卉典雅艳丽，雍容祥瑞，也是人们无畏毒邪、渴望平安喜乐的心情写照。

古时在北方一些地区也流行在谷雨前后，将刻印的"禁蝎"符咒贴于家中，上言："谷雨三月中，蝎子逞威风。神鸡叼一嘴，毒虫化为水……"朴素而又传神的语言表现了人们查杀害虫的勇气和祈盼安宁的愿望。

古人认为鸡有五德，分别是文、武、勇、仁、信。鸡头上有冠是文德，爪利能斗是武德，敌前敢拼是勇德，有食分享是仁德，守夜不失是信德。白色雄鸡头顶红冠昂首挺立，是君子的化身，也是君子夬夬、不畏邪秽的象征。

元 张中（传） 《写生花鸟图》 台北故宫博物院藏

▌顺时之人 ｜ 春深浣月

《易经·革卦·象》曰："泽中有火，革；君子以治历明时。"（治历明时：通过研究天文历法来明察世间时令。）

　　《浣月图》是传为五代时期的一幅描绘古代女性暮春浣月拜月的画作。

　　画面中央是一座假山，上面盘伏着一条头朝下的喷水降龙。这条降龙似为铜制，神情威猛，张牙舞爪。三爪攀于山前，一爪附于山后。龙尾亦隐于山石之后，而尾梢又甩出山前。所谓神龙见首不见尾，身形神态栩栩如生。

　　降龙是一个道家概念，对应于《易经·乾卦》九二爻"见龙在田，利见大人"之爻辞。意指阳气见于地，生殖利于民，圣人见于世，教化行于物。

　　龙头之下是一个方斗型的水池，池中有起伏的山峦造型，山海相连，天圆地方，象征大地。一轮明月，朗照方池。一女子手捧明珠，以珠代月，以水浣（洗）之。

　　这一场景便是降龙吐水，上引月华；方池洗珠，下接地气。

　　阴阳合，则造化行，天地交，则万物通。这应该就是暮春拜月的祈福心愿了。

　　此画内涵深厚，意境雅致，实属难得佳作。

　　唐代诗人于良史有一首《春山夜月》，个中诗意正合此景。

五代十国　佚名　《浣月图》　台北故宫博物院藏

春山夜月

〔唐〕于良史

春山多胜事，赏玩夜忘归。

掬水月在手，弄花香满衣。

兴来无远近，欲去惜芳菲。

南望鸣钟处，楼台深翠微。

治历明时，只有研究了天文历法，才能知道在什么时间做什么事情。谷雨是收获春季作物的时节，也代表着春天的结束和夏天的开始，古人有谷雨祭祀的传统，祈祷阴阳和谐，风调雨顺。

▌当时之务 | **事茗品茶**

《易经·夬卦·象》曰："泽上于天，夬；君子以施禄及下，居德则忌。"（施禄及下，居德则忌：君子要坚决地施降恩泽，下惠于民。但是，如果要居德自满，居功自傲，也会被憎恶。）

谷雨是采茶的季节，也是品茶的时节。无论对于普通百姓还是文人雅士，品茶都是这个时节最具特色的活动之一。

我们先来看看两幅明代的颇具情趣的品茶图。

唐寅唐伯虎的《事茗图》是他最具代表性的传世佳作。这幅画与文徵明的代表作《品茶图》，既有异曲同工之妙，又有和而不同之趣，我们对比欣赏一下。

明初朱元璋下令改宋元团茶为散茶（叶茶），一改国人的饮茶习惯，饮茶由冲点茶粉改为直接冲泡茶叶饮用，让饮茶活动更加简便轻松。两画中都出现了硕大的泡茶壶，也都表现出了舒适自在、惬意悠然的饮茶意境。

当然，细观之，两画间的差异性远远大于它们的共同性。

《事茗图》为1米长的横幅长卷，意在水长。

《品茶图》为88厘米的竖辐立轴，心属山高。

明 文徵明 《品茶图》 台北故宫博物院藏

从时间上看，《事茗图》主要画的是宾主品茗喝茶之前，客人携琴过桥而来，家童煮水备茶，主人堂中静候的等待阶段。令观者对接下来好友共同品茗的巅峰时刻充满想象和期待，是用绸缪现在憧憬美好未来。

而文徵明的《品茶图》画的是现在进行时，活在当下，把握当下。两位雅士已经在堂中落座，品茶清谈。

虽然二者都是山清水秀的环境，但是意境则截然不同。

文徵明的竖幅《品茶图》，以山压卷，山性恒常，沉稳厚重，是他务实稳重、活在当下的个性体现。

唐伯虎的长卷《事茗图》，以水绕卷，水性恒变，漂泊流转，亦是他心浮气躁、不甘现实的本性使然。

历史没有偶然。

两幅饮茶画作准确体现出了两人不同的人生底色。但是，在茶的本性这个问题上，两人有着共同的爱好和认知。

品茶恰如夬卦，泽上于天，空中来水，山高产茶，施禄及下甚好，却不可居德自傲。宁静清雅、谦和淡泊便是事茗品茶的真谛。

明 唐寅 《事茗图》 故宫博物院藏

▌ 时节风物|赏牡丹，驱五毒，煮茗茶

赏牡丹

谷雨，最丰润怡和的时节，才可以滋养出最傲视群芳的花朵。

此时正值牡丹花盛开，故而牡丹花又被称为"谷雨花"，并衍生出谷雨赏牡丹的习俗。

牡丹花色彩鲜艳，雍容华贵，端庄大气，富丽堂皇，有"花中之王"的地位，又有"国色天香"的美誉。

唐代诗人白居易惊叹："花开花落二十日，一城之人皆若狂。"

刘禹锡有名句："唯有牡丹真国色，花开时节动京城。"

这些说的都是唐代东都洛阳全城品赏牡丹的盛况。

牡丹花在中国已经有 1500 多年的人工栽培历史，有关牡丹的绘画作品千姿百态、层出不穷。

赏牡丹

〔唐〕刘禹锡

庭前芍药妖无格，池上芙蕖净少情。

唯有牡丹真国色，花开时节动京城。

北宋 赵昌（传）《画牡丹图》台北故宫博物院藏

1 南宋 佚名 《牡丹图》 故宫博物院藏

1 | 2　　2 南宋 马麟 《白牡丹图》 耶鲁大学艺术博物馆藏

3 | 4　　3 元 沈孟坚 《牡丹蝴蝶图》 东京博物馆藏

4 清 恽寿平 《牡丹册》 台北故宫博物院藏

驱五毒

元代《夏景戏婴图》中，初夏时节几个孩童在庭院中戏耍。

中间身穿蓝衣的儿童手中拿着一把五毒团扇，绘有蜈蚣、蝎子、蟾蜍、蛇和壁虎五种毒虫。古人通过这种绘制团扇的方式来提醒孩子们：谷雨前后，春末夏初，是五毒出没的危险时节，一定要注意防范。

画面左上方，一位儿童把一个瑞兽形制的香囊甩在背后。香囊里面应该装着驱虫避邪的香料和药粉。

画面中间，两位孩童抬着一个木质托盘，上面还有一尊钟馗的塑像。在民间传说中，钟馗除了捉鬼降妖，也会驱灭五毒，为民除害。

在南宋龚开的《中山出游图》中，随钟馗出游捉鬼的女眷身上的衣裙也画有五毒的图案。画家或许是想通过这种方式暗示，钟馗捉鬼之余还肩负着驱五毒的使命。

元 佚名 《夏景戏婴图》 台北故宫博物院藏

南宋 龚开《中山出游图》 弗利尔美术馆藏

煮茗茶

宋代的饮茶活动，深深融入文人雅士的日常生活，而且具有很强的艺术性和仪式感，从南宋刘松年的《撵茶图》就可见一斑。

此画的构图布局在古画中罕见。

左侧以两位忙碌劳作的茶人为主，详细描绘点茶过程。右侧绘文雅的儒释道三人切磋书法之场景。两边画幅平分秋色，等量齐观。

《撵茶图》对于今人了解宋代点茶法有很高的历史学术价值。

左侧前方，一中年茶人跨坐在长方矮几上正在转动石磨碾茶，茶粉不疾不徐，尽落磨槽。他神情专注，力道沉稳，动作老练，一看就是个中好手。从装扮看，他脚穿麻鞋，腰系布带，肩搭襷膊，头戴幞头高帽，一身打扮确保干活时干净卫生，整洁利落，也非常专业。石磨旁边放着棕茶帚和茶粉勺（茶匙）。

左侧后方，另一位腰系束带、足蹬袜靴的茶人侧身站立茶案边，左手持茶盏，右手提执壶，正在茶盆点茶。从分工和装束上看，此人的技术级别还应在研茶人之上。他左手边是煮水的风炉、茶釜，右手边盖着荷叶盖儿的是贮水的水瓮。桌上还有茶筅、茶盏、盏托，以及茶钤（烤茶器）、茶笋、茶罐等用器。

宋代点茶的基本流程大致是这样：先把烘干的茶叶用茶碾或茶磨碾成茶粉，经细笋筛过之后装入茶罐，然后将茶粉分入茶盏，点入沸水后用茶筅击拂搅拌茶汤，均匀起沫后即可饮用。

谷雨，充沛的雨水不仅清洗了空气，滋养了茶树，也使地上的泉水清澈而甘冽，焕发出勃勃生机。所以谷雨时节自古以来就是煮茶品茗的好时候。

历史上也流传下来大量的煮茶品茗主题的画作。

南宋 刘松年《撵茶图》台北故宫博物院藏

南宋 刘松年《撵茶图》（局部注释）

1 元 赵原《陆羽烹茶图》台北故宫博物院藏

2 元 钱选（传）《卢仝烹茶图》台北故宫博物院藏

3 明 文徵明《惠山茶会图》上海博物馆藏

4 明 王问《煮茶图卷》台北故宫博物院藏

$$\frac{1\ |\ 2}{3\ |\ 4}$$

七言诗

〔清〕郑燮

不风不雨正晴和，翠竹亭亭好节柯。最爱晚凉佳客至，一壶新茗泡松萝。

几枝新叶萧萧竹，数笔横皴淡淡山。正好清明连谷雨，一杯香茗坐其间。

立夏

农历四月初

公历
/
5月5日-7日

立夏，四月节。

立，建始也。夏，假也，物至此时皆假大也。

一候蝼蝈鸣；二候蚯蚓出；三候王瓜生。

——元 吴澄《月令七十二候集解》

含义：立夏阳气最盛，盛极生阴。昼伏夜出的蝼蝈开始在田间鸣叫。蚯蚓感应阳气渐盛而群起出土。王瓜，这种华北特产的药用爬藤植物，也开始快速攀爬生长。三候同时指出，立夏所有至阴柔之物，同时发生。

第七章　容民蓄众

立夏节气，地球绕太阳运行至黄道十二宫的辰和巳之间，其节气特征基本与《易经》中的旅卦、师卦、小畜卦等所反映的变化规律相吻合。

立夏，是二十四节气之第七个节气，夏季的第一个节气。

夏者，夏天草木茂盛之状。时至立夏，万物繁茂，一切丰盛自在。此后日照增强，气温上升，雷雨增多。

春天仿佛还没有过够，夏天就不知不觉地来临了。

唐代白居易一首脍炙人口的《大林寺桃花》，尽写春夏之交的物态与人情。

大林寺桃花

〔唐〕白居易

人间四月芳菲尽，山寺桃花始盛开。

长恨春归无觅处，不知转入此中来。

应时之征 | **樱红雀黄**

《易经·旅卦·彖》："旅，小亨，柔得中乎，外而顺乎刚，止而丽乎明。"（大意：人在旅途，小心谨慎，低调行事可得安福。内在要谦逊柔韧，才能对外顺利应对刚强者，平静安止又能附丽于光明。）

　　樱红雀黄，初夏之色。春去夏来，时不我待。

　　正是："流光容易把人抛。红了樱桃。绿了芭蕉。"

　　时间生灵万物，似乎都有自保之能。初夏早熟，鲜嫩的樱桃能与黄雀和谐同框，正是"外而顺乎刚，止而丽乎明"的生动写照。

南宋 马世昌 《樱桃黄雀图》 台北故宫博物院藏

▌ 顺时之人│**闲看儿童**

《易经·师卦·象》曰："地中有水，师；君子以容民畜（蓄）众。"（容民畜众：安置和收容百姓，滋养民生，发展人口。）

此画取自唐宋人诗意。

白居易《别柳枝》："谁能更学孩童戏，寻逐春风捉柳花。"

杨万里《闲居初夏午睡起》："日长睡起无情思，闲看儿童捉柳花。"

画中，初夏的午后，一位父亲走出书房，在庭院中饶有兴趣地观看三个孩子捕捉飞舞的柳絮。父亲的气定神闲，孩子的活泼好动，形成了鲜明对比。屋后高高的柳树，院外淡淡的远山，都使人隐隐感受到夏天那种育化万物的力量。正如同潜移默化、润物无声的父爱。

明 周臣 《画闲看儿童捉柳花图》 台北故宫博物院藏

当时之务 | **水清木华**

《易经·小畜·象》曰："风行天上，小畜；君子以懿文德。"（以懿文德：培养文雅的德行，泽被天下。）

　　清夏，就是清和的初夏。什么是清和之意呢？

　　江边一隅，农舍几间，古木参天，莲叶田田。

　　水边芦草丛生，茅屋席棚之下，有两人对坐清谈。

　　溪桥畔边，篷船静泊，渔夫上岸，似获鱼鲜。高柳浓荫，草堂掩映，柴院坦坦，人影憧憧。

　　画面左侧画水村小景，右侧绘远山连绵。疏朗简当，尽藏万里气象。堤路蜿蜒，纤夫引船，应有千里之行。

　　小画幅藏大景观，以小见大，静中见盛，确有清夏之气象。所谓清和之意，水清木华，平静安和是也。君子治理天下能做到如初夏时节的水清木华，那也就是"以懿文德"了。想必这也就是宋人创作这幅《水村清夏图》的初心了。

南宋 马远（传）《水村清夏图》台北故宫博物院藏

▌时节风物 | 清夏来，尝三鲜，蝼蝈鸣

清夏来

清朗怡人

晴空朗月，远山遥岑，开轩面水，友人聚饮。

两只钓舟野水垂纶，山脚江畔轻烟弥漫。

《清吟消夏图》中自跋：

> 雨足郊原净，招邀日暮时。
> 借凉棋局细，待月酒杯迟。
> 蛙鼓喧相接，渔灯静自移。

宁静秀丽

北宋画家赵令穰是皇室宗亲，真正的赵家人，与宋神宗是同辈。

宋代规定，皇族宗室无故不得出都城，更不能远离开封、洛阳。所以他画的山水画一般都在城郊就地取材，真实地反映出 900 多年前中原地区的景物风貌。

他的《湖庄清夏图》，卷首一户人家几棵杨柳，辅以高枝喜鹊开篇，开卷伊始就渲染了一种宁静祥和的氛围。

垂柳倾引，村路蜿蜒，板桥衔接，画面导入一派初夏田园风光。林间晨雾弥漫缭绕，湖塘荷叶斑斑点点。凫雁水鸟，嬉戏相逐，道旁水畔，杨柳成行。

明 宋旭 《清吟消夏图》 台北故宫博物院藏

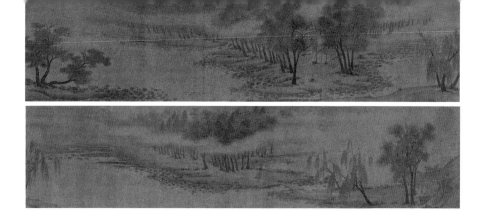

北宋 赵令穰《湖庄清夏图》波士顿艺术博物馆藏

画面中部，矗立着三棵周正的垂柳，临湖荫路，承上启下，引出后面树林掩映的一个不着一人的静谧小村。

卷尾，一片宽广的湖面之后，又有几株枝干倾斜的老树顾盼承连，同时也接引着一行野凫飞入天空。

全画采用平远法构图，呈现出一派水清木华、宁静秀丽、众生自在、清雅祥和的景象。

中原之地元气汇聚，自古物华天宝，人杰地灵。不愧为中华文明的摇篮。

尝三新

立夏要吃枇杷、樱桃、李子，或者鲥鱼、白笋（茭白）等各种当令食物，品尝属于新的一年的新鲜。

鱼鲜

春末夏初，柳下放竿。

这个渔夫或许是钓上了他今年的第一条鱼，得意之情溢于言表。

宋代梅尧臣《送王郎中知江阴》："鱼穿杨柳夸鲜脍，人采芙蓉学细腰。"

此情此景正当节。

明 吴伟《渔夫图》大英博物馆藏

樱桃

初夏结实，樱桃为百果之先。

梁宣帝《樱桃赋》有言："惟樱桃之为树，先百果而含荣。"本是夸赞贵姬先孕，但却为后世文人借樱桃慨叹贤能遭嫉埋下了伏笔。

作者也在画中自题：

> 锦树华林未可攀，美人犹识旧朱颜。
>
> 一从百果相嘲后，好句惟传李义山。

李义山就是李商隐，他写了什么好句呢？一首《百果嘲樱桃》点出了文人忧怨。

百果嘲樱桃

〔唐〕李商隐

珠实虽先熟，琼莩纵早开。

流莺犹故在，争得讳含来。

木秀于林，风必摧之，果熟于先，鸟必啄之。

早熟的樱桃能有什么坏心眼呢？

清 恽寿平《春花图·樱桃》上海博物馆藏

白笋

白笋就是茭白，茭白古称"菰"，禾本科菰属多年生浅水草本作物，外形像蒲苇。别名还有菰笋、菰米、茭儿菜、茭笋等。

一年二熟的白笋，在初夏和初秋时节长成。

南宋画家牧溪笔下的白笋姿态灵动，鲜活生香，看上去栩栩如生，充满了独特的韵味，这些大自然的美物，的确是天地的精华、时令的馈赠。

白笋之美在于一清、二白、三洁。那种鲜美清爽的感觉无与伦比。

白笋这三大不争之美，包容性非常强，可以与荤腥浓淡之类百搭，且不改其性。

清代文人吃货袁枚，在其著名的《随园食单》中说："茭白炒肉，炒鸡俱可。切整段，酱醋炙之，尤佳。煨肉亦佳。须切片，以寸为度。"如此这般，这清炒浓煨而成的白笋，吃起来应是相当糯爽可口，真可谓是夏日清补佐餐的妙品。

夏天燥火大，白笋略带清苦，有去火的功效。

古人认为苦味是夏天的本味，也是南方的味道。夏天（南方）需要吃些苦味。相对应的，春天（东方）的本味是酸，秋天（西方）的本味是辣，冬天（北方）的本味是咸。

细细思量，真是各有各的缘由和道理。

时空坐标中的味道、声音、颜色，都带有当下时空的本质信息。这是时空的密码，也是生命的逻辑。

古人用一年一年的时间、一代一代的生命去体验，把它们总结了出来。

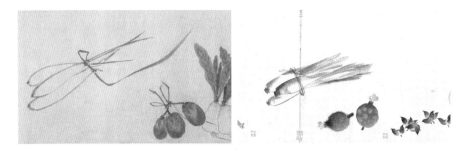

1　南宋　牧溪《水墨写生图》（局部）故宫博物院藏
2　南宋　牧溪《写生花鸟图》（局部）台北故宫博物院藏

蝼蝈鸣

　　初夏时节，蝼蝈，即蝲蝲蛄、蝼蛄，开始在田间鸣叫。它以农作物的根茎为食，是有名的害虫。

　　这幅《杞实鹌鹑图》描绘秋天的田野，枸杞红熟，稻谷低垂。一只鹌鹑正欲啄食蝼蛄。到了秋天，蝼蝈就长这么大了。

　　古代画花草鸟兽，多以谐音或象征的手法表达吉祥寓意。鹌鹑与稻禾相伴，便是"安和"之意。鹌鹑与枸杞为邻，便是"祈安"之意。

　　祈福是吉，避凶也是吉。

　　蝼蝈（又名土狗子）是不吉之物，也是小人的象征。鹌鹑啄食蝼蝈，也象征着去除灾厄、防范小人的意思。

　　宋代晁补之有《夏夜雨意》一诗。

夏夜雨意

〔宋〕晁补之

凝云遮汉月不舒，微电时照东南隅。

风条不动柱础湿，初夜深砌吟蝼蛄。

　　初夏之夜响起蝼蛄的鸣叫。可是，听蝲蝲蛄叫，还不种地了吗？

北宋　崔慤　《杞实鹌鹑图》台北故宫博物院藏

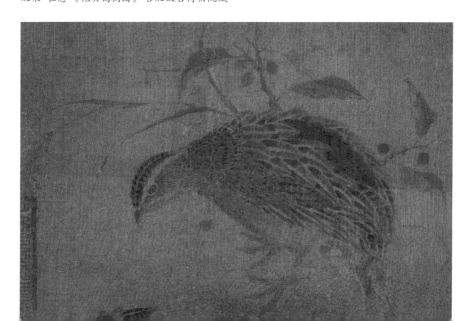

小满，四月中。

小满者，物至于此小得盈满。

一候苦菜秀；二候靡草死；三候麦秋至。

——《月令七十二候集解》

含义：小满，小得盈满，尚未大满，阳气满极就会盛极而衰。此时，苦菜已经枝叶繁茂，可供采食；一些细软柔密的喜阴草类受不了强烈的阳光开始枯萎；灌浆盈满的麦子即将成熟可收。

小满

农历四月中

公历

5 月 20 日—22 日

第八章　品物流形

小满节气，地球绕太阳运行至黄道十二宫的巳位左右，其节气特征基本与《易经》中的乾卦、比卦等所反映的变化规律相吻合。

　　小满，是二十四节气之第八个节气，夏季的第二个节气。万物长于此少得盈满，麦至此方小满而未全熟，故名小满。

　　小满之名，在民间形成了两种含义。一是指北方地区小麦穗粒刚达小满的程度。二是指南方雨水增多，江河渐满，正如民谚所云"小满小满，江河渐满"。先秦《尚书·大禹谟》中说："满招损，谦受益，时乃天道。"

　　节气中的小满，恰恰是满而不溢、实而不盈的理想状态。清代曾国藩有诗云：

花未全开月未圆，半山微醉尽余欢。

何须多虑盈亏事，终归小满胜万全。

颇得小满之精妙。

▌应时之征 | 枇杷山鸟

《易经·乾卦·彖》曰："大哉乾元，万物资始，乃统天。云行雨施，品物流形。"
（品物流形：自然界的生物各有本性和形态，并且相互间保持着生态平衡和链
路循环。）

孟夏时节，阳光明媚，空中一束果粒饱满，色泽金黄的枇杷果吸引了一只绿
色的绣眼鸟栖在枝头，准备啄食。

一瞬间，它发现了一只小虫捷足先登，爬上了枇杷果也准备大快朵颐。于是
它转头回啄，定睛端详，大有"螳螂捕蝉，黄雀在后"的意味。

小满前后，阳气十足，乾坤朗朗，万物生发。

小满也是枇杷成熟的季节。枇杷果实小而饱满，所以在古代往往就成了"小
满"节气的象征。

明人高濂《遵生八笺》中说："孟夏之日，天地始交，万物并秀。"

春来伊始至小满时节，世间生物均已生长成形，品态初定了。这也正是"云
行雨施，品物流形"之意。

南宋 林椿 《枇杷山鸟图》 故宫博物院藏

▍顺时之人 | 柳荫纺线

《易经·乾卦·象》曰："天行健，君子以自强不息。"

《纺车图》描绘的是一个古代农村妇女用立式纺车纺线的场景，简洁构图中蕴含着深刻寓意。图中从左至右，三位人物按年龄从老年到中年到少年排列，象征着一种生命的繁衍传递。

老妇的面容，饱含人生历练之后的坚毅与从容。她和中年女子可能是婆媳关系或者母女关系。老妇的神情举止，自然地流露出一种体恤和关照。两人之间通过两条缠绕飘摇的丝线相连，似在暗示老妇把自己的人生阅历、劳动经验和生命能量传递给对面的中年妇人。此外，还有一只黑狗在两人之间跳跃玩耍。

居于画面核心的中年女子坐在木凳上，衣着样貌朴实自然，神情举止从容乐观。她一边摇动纺轮，一边乳喂一个幼儿。中年女子的身后是一个活泼顽皮的少年。他手拿一个木棍儿，用线牵着一只蟾蜍，似在等待哄逗妇女怀中的幼儿。在他们母子身后，有两棵古柳，树干粗壮，枝叶飘摇。

画中可能有这样一层隐喻：春蚕吐丝，由丝纺线，由线织锦，最终兑现自己的价值。其实每一个人也如同蚕丝，同样要经历这样一个人生发展历程，以实现自己的人生价值。

古人绘画不会多置一物。在中国传统文化中，黑狗有辟邪护主、强化生命的含义。蟾蜍也一直有多子多福、长生不老、吉祥富贵的寓意。无心插柳柳成荫，因柳树具有强大的生命力，古人对柳树也有生殖崇拜。

北宋 王居正《纺车图》故宫博物院藏

"遍身罗绮者，不是养蚕人。"这是初夏在天地和自然护佑下辛勤劳作的一家农人，透过画者细腻的描绘，我们能感受到他对农人深切的祝福。

"天行健，君子以自强不息。"结合这幅画，这句话倒过来看也正确——自强不息的都是君子，上天自有眷顾。

▌当时之务｜**江南农事**

《易经·比卦·象》曰："地上有水，比；先王以建万国，亲诸侯。"（大意：地上有水，水土丰盈，亲密比辅，先代君王因此封建万国，亲近诸侯。）

这是初夏农忙时节，乡村田野的典型景象。

农夫们在田间耕耘灌溉，妇女们在家中纺线织布。溪水边有渔舟垂钓，水牛沐浴。宅院旁有羊群归家，燕阵盘旋。读书人临窗问事，乡里吏来村巡访。

画面篇幅不大，但是布局开合有度，绵延有序。画中的小溪贯穿两边的村落，沿小道向前后蜿蜒。

田舍桑塘，因地制宜。渔牧耕读，各得其所。

整个江南小村，阡陌纵横而不乱，事物繁多而不杂。好一派安居乐业、六畜兴旺的繁荣景象。

画面右上方山径上，特意绘有官吏骑驴巡乡的情景。水土丰盈，互润互泽，相亲无间是"比"。庙堂之高，江湖之远，以上亲下也是"比"。

明 佚名《江南农事图》大英博物馆藏

▍时节风物 | 枇杷熟，亲蚕事，动三车

枇杷熟

"鸦鹊声欢人不会，枇杷一树十分黄。"——
诗句引自南宋杨万里《桐庐道中》

禽鸟与枇杷的缘分，看来是天注定的。

枇杷熟了，多而丰盛，小而饱满。

满则招损，蜂蝇飞至，山鸟在后。

明　周之冕　《枇杷珍禽图》　台北故宫博物院藏

$\frac{1}{3}\frac{2}{4}$

1　北宋　徐崇嗣《枇杷绶带图》台北故宫博物院藏

2　北宋　赵佶《枇杷山鸟图》故宫博物院藏

3　南宋　吴炳（传）《枇杷八哥图》大都会艺术博物馆藏

4　南宋　吴炳（传）《枇杷绣眼图》大都会艺术博物馆藏

枇杷

〔宋〕周必大

琉璃叶底黄金簇，纤手拈来嗅清馥。

可人风味少人知，把尽春风夏作熟。

亲蚕事

小满时节桑蚕之事正忙，南方还有此时祭蚕神的习俗。

这幅《蚕织图卷》详细记录了古代农人采桑养蚕，结山集茧和煮茧缫丝的全过程。

其间，农人们夜以继日，不眠不休，十分辛劳。

五代蒋贻恭有《咏蚕》诗。

咏蚕

〔五代〕蒋贻恭

辛勤得茧不盈筐，灯下缫丝恨更长。

著处不知来处苦，但贪衣上绣鸳鸯。

南宋 梁楷《蚕织图卷》东京博物馆藏

动三车

小满时节是农忙的高峰期。人力不足，就要借助智慧和科技的力量。

"春深争采雨前茶，立夏秤人杂笑哗。蚕事既登田事起，年年小满动三车。"（江南吴越一带也有"小满动三车，忙得不知他"的民谚。——引自清代张义年《姚江竹枝词》）

"三车"分别是纺车、水车、油车。它们是农忙时节最有代表性的三种工具，分别服务蚕织、耕灌、榨油三种典型农事活动。

纺车

农桑之事，男耕女织。纺线织布离不开纺车。

小满时节正值初夏，家蚕已结茧，人们开始忙着煮茧缫丝，拾掇纺车纺线织布。

据推测，我国最早的纺车出现在战国时期，到汉代时纺车已非常普及。纺车的发展从最初手摇式，到后来的脚踏式不断改进，作为民间重要的纺织工具，一直沿用至今。

古画中常有纺车的出现，除了用以展示古代妇女劳动场景，也成为表现女红、女巧和女德的文化象征。

南宋 赵构《宋高宗书女孝经马和之补图上卷》台北故宫博物院藏

1 南宋 佚名 《女孝经图》 故宫博物院藏

2 南宋 马远 《豳风图》 克利夫兰美术馆藏

3 明 佚名 《江南农事图》 大英博物馆藏

4 清 禹之鼎 《江乡清晓图》 旅顺博物馆藏

$\begin{array}{c|c} 1 & 2 \\ \hline 3 & 4 \end{array}$

缫车

〔宋〕邵定翁

缫作缫车急急作，东家煮茧玉满镬，西家捲丝雪满籰。

汝家蚕迟犹未箔，小满已过枣花落。

夏叶食多银瓮薄，待得女缫渠已著。

懒妇儿，听禽言，一步落人后，百步输人先。

秋风寒，衣衫单。

人力水车

农业的关键在于灌溉，小满时节灌溉是农忙的重中之重。

用于灌溉的水车一般有两种：一种叫筒车，以筒汲水，从上往下运转；一种叫翻车，以叶拨水，从下往上运转。

画中的水车是翻车，通过木质叶片在水槽中从下往上转动，把水从低处汲到高处。因其车叶构造像龙骨，故称为龙骨水车。早在东汉时期，我国就已经发明和使用龙骨水车，距今已经有1700多年的历史。

其实这种人力水车在古画中并不常见。唐宋时期，更先进的以齿轮传动的畜力牛转龙骨水车逐渐普及，在田农题材的古画中处处可见。

南宋 杨威 《耕获图》 故宫博物院藏

畜力水车

古代画家认为牛转龙骨水车是农业生产活动的象征，经常把它们绘入画中。《柳荫云碓图》描绘的就是古人利用牛转翻车来汲水灌溉农田的场景。

柳树下，茅棚中的农夫正赶着水牛，转动一个硕大的木制齿轮转盘。旁边翻车延长的转轴上，安装了一个较小的齿轮，与转盘周边的轮齿相咬合。水牛在牵引转盘时，就会带动翻车工作。转盘与转轴的齿轮大小相差悬殊，使得动力臂足够长。一方面牛牵引时会省力，另一方面翻车的转动速度也会加快，汲水效率就会很高。

乾隆对此图题赞：

> 柳阴结茅棚，运水更驱牛。
> 云碓春艰食，农民乐登秋。
> 斯乐岂易得，祈年几许忧。

南宋 佚名 《柳荫云碓图》 故宫博物院藏

南宋 李嵩 《龙骨车图》 东京博物馆藏

北宋 郭忠恕 《柳龙骨车图》

水车

〔宋〕陈与义

江边终日水车鸣，

我自平生爱此声。

风月一时都属客，

杖藜聊复寄诗情。

水碓油车

古代榨取食用油的油车，通常是一种叫油夯的工具。

在榨油机的榨膛中装好植物油饼后，在油饼的一侧塞进木块，然后利用吊着的撞杆，撞击木块之间的三角形楔块。榨膛中横放的木块，受到楔块的撞击力对油饼产生强烈的挤压，从而榨出油来。

古画中的榨油车比较少见。这幅《山庄秋稔图》中的水车，叫作水碓。其本是舂米用的工具，以河水水流转动轮轴，再拨动碓杆上下舂米。后来应用逐渐广泛，也可用于榨油，充当油车来用。再到后来，大凡需要捣碎之物，如药物、纸浆，甚至矿物，皆可用水碓来击捣完成。

清 袁耀 《山庄秋稔图》 故宫博物院藏

芒种

农历五月初

公历
/
6月5日—7日

芒种，五月节。
谓有芒之种谷可稼种矣。
一候螳螂生；二候鵙始鸣；三候反舌无声。

——元 吴澄《月令七十二候集解》

含义：芒种时节，雨水连绵，有助于五谷类的农作物生长。螳螂卵因感受到阴气初生而破壳，生出小螳螂；喜阴的伯劳鸟开始出现在枝头，感阴而鸣；与此相反，能学其他鸟鸣叫的反舌鸟（又名百舌鸟）感应到阴气微生，而停止了鸣叫。

第九章　自天佑之

芒种节气，地球绕太阳运行至黄道十二宫的巳和午之间，其节气特征基本与《易经》中的大有卦、咸卦、家人卦等所反映的变化规律相吻合。

芒种，是二十四节气之第九个节气，夏季的第三个节气。历书中说，此时可种有芒之谷，过此即失效，故名芒种也。

这个时节气温升高，雨量充沛，适合种植有芒的谷类作物。农事耕种以"芒种"节气为界，过此之后种植成活率就越来越低。民谚"芒种不种，再种无用"讲的就是这个道理。

芒种是一个耕种忙碌的节气，民间也称其为"忙种"。这个节气正是南方种稻与北方收麦的繁忙时节，因此民间也这样解释该节气："有芒的麦子快收，有芒的稻子可种。"

应时之征 | **螳螂始出**

《易经·大有卦·爻辞》："自天佑之，
吉无不利。"

时至芒种，天地湿热，花草繁茂。草
食性的百虫繁生，肉食性的昆虫也就如期
而来。

螳螂属肉食性昆虫，幼虫和成虫均以
其他昆虫及小动物为食，是凶猛的昆虫，
也是著名的农林业益虫。

所以，前有蝼蝈之鸣，后有螳螂始出，
这也是一种大自然的制约平衡。

如此看来，无论先后，谁的出场都是
自然规律的安排，都是"自天佑之"。

明 佚名 《竹枝螳螂图页》

顺时之人 | **留客纳凉**

《易经·咸卦·象》曰："山上有泽，咸；君子以虚受人。"（以虚受人：虚怀
若谷，包容别人，广泛接纳别人的意见。）

画卷从右自左展开，右首丛竹疏落，溪边修竹渐密。

中间一段，竹林越发丰茂郁闭，林间小路蜿蜒曲折，正有曲径通幽之意。

继续向左穿过丛篁水塘，豁然开朗。

有一清雅水榭临塘而建，之上有人观荷待客。真是一处避暑幽居的好去处（局
部细节图）。

乾隆将此卷定名为《杜甫诗意图》，认为它描绘的正是杜甫五律《晚际遇雨》
"竹深留客处，荷净纳凉时"一句的诗意。

中国自古诗画不分家，它们是情景、情理交融的完美载体。正如此画作者煞

宋 赵葵 《杜甫诗意图》上海博物馆藏

宋 赵葵 《杜甫诗意图》局部 上海博物馆藏

费苦心地用这么多笔墨来表现出杜甫的诗意。

从表面上看，竹深则境幽而节高，乃是留客地；荷净则心清而意宁，便可得清凉。

而人以群分，志同道合，与客人共同追慕竹之高节，荷之净德，则又是画面之外、诗意之中的意境了。

由此可见，"竹深留客处，荷净纳凉时"。不是我留客，而是造化留客。正是"以虚受人"的艺术写照。

▌当时之务 | 守耕务本

《易经·家人卦·象》曰："风自火出，家人；君子以言有物，而行有恒。"

明代画家唐寅，曾为一个叫陈守耕的人画了一幅《守耕图卷》。

图绘山水之间，一文士端坐水榭之上，守望无际的水田。

唐寅自跋："南山之麓上腴田，当守犁锄业不迁。昨日三山降除目，长沮同拜地行仙。"

抒发出画中人长守犁锄、自给自足、隐逸闲居的情怀。

画中还有文人题《守耕记》云："又曰士君子当以农务为生。则知士以农务为本，而从事以尚志也。"劝勉文人士大夫当以务农为生计，不要忘本。有了生计的基础，才可以追求高尚的志向。

"忽听绿杨啼布谷，一犁带雨破苍苔。"

长守犁锄是向芒种时节的致敬，守耕务本是对行而有恒的践行。这是大家长保护一家人繁衍生息最根本的原则。

明　唐寅《守耕图卷》台北故宫博物院藏

■ 时节风物 | 伯劳鸣，龙舟赛，婴童戏

伯劳鸣

芒种时节，伯劳鸟开始鸣叫。

这幅作品虽名《竹鸠图》，但画中的飞禽实为长尾灰背伯劳。

伯劳是一种食肉的小型雀鸟，性情凶猛，有"雀中猛禽"之称。它喜欢栖息在高高的枝头，伺机捕食昆虫、爬虫或者其他小型动物。

画中这只伯劳鸟，独踞竹丛之端，荆枝之上，形体健硕，羽翼强劲，眼睛正机敏而冷酷地巡视四方。它的尖喙利爪，更是显露出杰出捕食者的威力与风采。

南宋 李安忠 《竹鸠图》 台北故宫博物院藏

芒种之季，自然界食物链底端的昆虫、爬虫之属悉数亮相，食物链顶端的捕食者也要闪亮登场了。

龙舟赛

芒种时节有一个重要的民间节日——端午节。

农历五月初五端午节，起源于古老的中国星象文化和天象崇拜，由上古时代的祭龙活动演变而来。

仲夏端午，东方苍龙七宿飞升至正南中天。苍龙的主星"大火"（心宿二）高悬正南中天，龙气（阳气）旺盛。

在《易经·乾卦》中，"飞龙在天"既得"中"，又得"正"，所以端午时节乃大吉大利之象。

定天之象，法地之仪。春秋时期，古人把船做成龙形图腾，在端午节以龙舟

竞渡的形式祭祀上天苍龙，也祈愿人们祛病防疫，一年平安。

后来屈原投江的日子也是农历五月初五，所以后人也在端午节纪念他。

龙舟竞渡

这幅《龙舟竞渡图》据传为唐代画家李昭道所做，有可能是现存最早的龙舟画作。

画中描绘的是宫廷比赛龙舟，欢度端午的场面。华丽的水榭通过拱桥与岸上高大的宫殿相连。宽广的水面上，龙舟竞渡，旌旗招展。

画面上的龙舟与我们现在熟知的龙舟样式有很大不同。其中两条大龙舟，船楼宏伟，龙头向前，须发飘飘，威风凛凛，靠两排船桨浮游于水面，应该是传说中的雄龙舟。

唐　李昭道　《龙舟竞渡图》　故宫博物院藏

另外两条小龙舟，娇小精致，甲板平直，上有女旗手，列队持旗。小龙舟龙头向后，无须无发，仰卧于水面，似仰泳一般靠船尾摇橹行进。这应该就是传说中的雌龙舟。

拱桥桥洞中还有一艘龙舟，神龙见首不见尾，仅露出了向前探出的龙头，看上去样貌青涩，我们就当它是一条龙子舟吧。

看来古时端午节赛龙舟，人们也要追求阴阳和谐，人丁兴旺。龙分雌雄还是龙舟早期的特征。隋唐以后，龙的雄性特征逐渐确立，雌龙就悄悄退出了历史的舞台。

中国古代历朝历代，对端午节都非常重视，都要举行龙舟巡游比赛等形式盛大的朝庭祭祀活动。千百年来，龙舟越做越大，越做越精美，场面也越来越隆重，也象征着人们对端午苍龙有着越来越虔诚的敬意。

1 北宋 张择端 《金明池争标图》 天津博物馆藏

2 元 王振鹏 《龙池竞渡图卷》 台北故宫博物院藏

1 | 2
3 | 4

3 元 佚名 《龙舟夺标图》 故宫博物院藏

4 元 吴廷晖 《龙舟夺标图》 台北故宫博物院藏

端午东湖观竞渡

〔宋〕黎廷瑞

记得当年年少时，兰汤浴罢试新衣。

三三五五垂杨底，守定龙舟看不归。

婴童戏

午月午日，午午相重，故曰重午。重午就是端午节。午是中夏之位，农历五月五日端午时节，天象中的东方苍龙星宿飞升至正南方向。龙星又中又正是为端。当其时也，阳气十足，万物生长，其势盛极。

北宋宫廷画家苏汉臣曾经画过一幅《重午戏婴图轴》。为何要画端午节的儿童呢？

画家是在借端午至阳至正的气象，祝福孩子们祥瑞安康，端正成长。正是有童蒙养正之意。

画面中间荷沼莲池，生发旺盛。中间左侧两童捧水瓶观鱼，一童持荷叶戏耍。下方还有两位小童相向对坐，好像在玩一种有趣的蜻蜓玩具。此外还有持灯舞旗者，扑戏蝶虫者，俱是端午万物同生共长之景象。

画面中间右侧有三个童子。一人撑伞，两人抬着释迦牟尼手指天地的出生像，意在借助神话传说进行启蒙教育。

画面左上部，水榭歌台之上，孩童们正在装扮学戏，演绎传习忠孝正义，是为养正。

画面右下端，两童撕扯打斗，一童摆手制止，是为止邪。

"童蒙养正"的思想来源于《易经》。《易经·序卦传》曰："蒙者，蒙也，物之稚也。""蒙"就是事物在幼稚阶段的状态。对于蒙童教育，最重要的事情不是学习知识技能，而是陶养正义正气，这才是幼儿启蒙教育阶段的要务。

北宋 苏汉臣《重午戏婴图轴》台北故宫博物院藏

夏至，五月中。

《韵会》曰：夏，假也；至，极也；万物于此皆假大
而至极也。

一候鹿角解；二候蜩始鸣；三候半夏生。

——元 吴澄《月令七十二候集解》

含义：炎热的夏至是阳极之至，阴气生而阳气始衰，所以
喜阴的生物开始滋生，而喜阳的生物逐渐衰弱。属阳性的
鹿，开始脱落鹿角。感阴气之生的知了，开始鼓翼而鸣；
喜阴的草药半夏也开始出现。

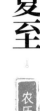

夏至

农历五月中

公历

6月20日－22日

第十章　品物咸章

夏至节气，地球绕太阳运行至黄道十二宫的午位左右，其节气特征基本与《易经》
中的姤卦、大有卦、井卦等所反映的变化规律相吻合。

夏至，是二十四节气之第十个节气，夏季的第四个节气。

夏至这天，太阳直射北回归线，北半球迎来白昼最长的一天。此后，每过一
日，便昼渐短，夜渐长。

夏至已至，暑热渐强，虽然还没有到一年当中最热的日子，但离"入伏"也
不远了，古人在夏至日有互赠扇子等消暑之物的习俗。

唐人段成式《酉阳杂俎·礼异》中记载："夏至日，进扇及粉脂囊，皆有辞。"
扇，借以生风；粉脂，涂抹散体热所生浊气，防生痱子。

在古代，夏至还是重要的节日。宋人庞元英《文昌杂录》里说："夏至之日
始，百官放假三天。"清朝以前的夏至普遍存在全国放假的情形，古人称之为"歇
夏"，人们在这天返乡与亲人团聚，开怀畅饮，消夏避伏。

应时之征 | **果禽雍荣**

《易经·姤卦·象》曰："姤，遇也，柔遇刚也……天地相遇，品物咸章也。刚遇中正，天下大行也。"（品物咸章：自然万物全都生长得茂盛，壮大，自我彰显。）

离支，即荔枝。伯赵，即伯劳。

夏至时节正是荔枝成熟的季节。画面以工笔重彩绘两只伯劳站在荔枝枝头的情景。

荔枝枝头果实累累，红艳果皮令人垂涎。

枝上站立的两只伯劳姿态生动，尽得高低上下，左右面背，俯仰动静之趣。

古人以伯劳与荔枝入画，取其谐音，有"吉利""大利""多利"等吉祥寓意。

最早关于荔枝的文献是西汉司马相如的《上林赋》，文中写作"离支"，是割去枝杈之意。古人早早就认识到，单颗荔枝不易保质，假如将荔枝连枝割下，则更易保鲜。大约东汉以后，"离支"开始写作"荔枝"。

明代李时珍在《本草纲目·果三·荔枝》中也有记载："按白居易云：若离本枝，一日色变，三日味变。则离支之名，又或取此义也。"

此图果粒熟艳，禽鸟自在，或许正是仲夏气蕴深厚，气象雍荣之态。

离支伯劳相较于小满节气的枇杷绣眼，正是品物咸章与品物流形之别。

南宋 佚名 《离支伯赵国图》台北故宫博物院藏

顺时之人 | 弈棋静心

《易经·大有卦·象》曰："火在天上，大有；君子以遏恶扬善，顺天休命。"（顺天休命：顺应天意、顺合天道，无为而治，不发布干扰民众日常生产生活活动的政令。）

中国人下棋已经有三千多年的历史。

魏晋南北朝时期，文人尚清谈，夏日弈棋之风犹盛，下棋在当时也被开始称为"手谈"。

唐宋时期，弈棋更是成为中国文人常备的风雅技艺。炎炎夏日，光景悠长，下棋正是适合他们消夏避暑、消磨时光的雅致娱乐活动。

宋明时期高士题材的古画，多以琴棋书画四艺对应春夏秋冬四季，来表现唐太宗文学馆十八学士的各种才华风采。其中夏季弈棋也就成了其中一个审美定式。

这幅传为宋代的《十八学士图之棋》，正是描绘暑热夏日，学士们弈棋静心的情景。夏日弈棋，确是避暑降燥，静心养智，享受闲暇，拾趣怡人的好方法。此后各种表现文人高士弈棋主题的绘画作品，时间背景也大都取时于夏。

南宋诗人赵师秀有描写好友初夏弈棋的《约客》诗。

宋 佚名 《十八学士图之棋》 台北故宫博物院藏

约客

〔宋〕赵师秀

黄梅时节家家雨，青草池塘处处蛙。

有约不来过夜半，闲敲棋子落灯花。

夏至时节闲敲棋子，颇有"顺天休命"的真义。

当时之务 | 山雨欲来

《易经·井卦·象》曰："木上有水，井；君子以劳民劝相。"（劳民劝相：劝勉人民掌握劳动本领，勤劳致富，并且能够互相帮助。）

夏至以后，地面受热强烈，冷暖空气对流旺盛，午后至傍晚常易形成雷阵雨。这种热雷雨骤来疾去，降雨范围小，人们称"夏雨隔田坎"。

唐代刘禹锡有《竹枝词》曰："杨柳青青江水平，闻郎江上唱歌声。东边日出西边雨，道是无晴却有晴。"生动形象地描述出仲夏时节的气流交汇剧烈、阴晴变化无常的天气特征。

这幅《山雨欲来图》正是描绘仲夏山村暴风雨突然来临前的景象。

清 袁耀《山雨欲来图》故宫博物院藏

黑云滚滚，狂风大作，村木倾斜，柳条横飞。突如其来的风雨令人们猝不及防，正在紧张地躲避。路上旅人赶驴奔走，渡舟艄公奋力划桨，晒场农夫抢收麦谷，家中妇人关门闭户。而楼阁之上，风贯厅堂，帘帐飘荡，童仆关窗，主人凭栏张望。

此画取唐代诗人许浑《咸阳城东楼》诗意。

咸阳城东楼

〔唐〕许浑

一上高城万里愁，蒹葭杨柳似汀洲。

溪云初起日沉阁，山雨欲来风满楼。

鸟下绿芜秦苑夕，蝉鸣黄叶汉宫秋。

行人莫问当年事，故国东来渭水流。

画面描绘各种状况下的人们在狂风骤雨突然来袭之前的紧急应变。唯有辛勤的劳动和有效的行动，可以消减无妄之灾。

画中山峰巍然耸立，楼阁错落稳重。在历史的长河中，一切突如其来的变故都将回归常态。

终究还是物来顺应，劳民劝相，行胜于言，自力更生。正所谓"行人莫问当年事，故国东来渭水流"。

▌时节风物 | 云山起，人消夏，扇生风，棋去暑

云山起

米氏云山——冲气为和

夏至前后，南方地区陆续进入连绵不断的梅雨时节。

北宋的大书法家米芾，受到长江沿岸雾雨蒙蒙的云山烟树的启发，他的山水画多用细密的水墨点染，追求一种氤氲朦胧的效果。米芾的儿子米友仁继承父法，

南宋 米友仁《潇湘奇观图》故宫博物院藏

也有画作传世。

史上合称"米氏云山"。

这幅米友仁的《潇湘奇观图》。开卷便是雾气腾腾，浓云翻滚，群山若隐若现。卷中云雾飘散，山形俊朗，树木清秀。卷尾又是山隐雾中，烟树迷蒙。全画虚实结合，气韵生动，尽显天地相交的元气淋漓，虚无缥缈的变幻多端。

这种意境既是对潇湘一带夏季山水的写意点染，也是对北宋推崇的道家思想世界观的一种演绎表达。

老子说："天下万物生于有，有生于无。"无就是虚无之气。

他又说："万物负阴而抱阳，冲气以为和。"天地万物都是在阴阳二气的对冲融合中生成的和谐体。

气是生命的源头，也是生命之所在，所以称之为生气。

古人十分重视调气养生。孟子说："我善养吾浩然之气。"

古人常常通过长啸的方法练习吐纳之功，以除浊理气，固本清源。人活一口气，处世有正气，为人有骨气，做事要争气。

人们不仅自己重视调养生气，也常常以吹气的方式赋予对自己有重要意义的事物以生机。

孙悟空要把猴毛变成小猴，法力再大也要吹一口仙气才行。

小时候扔纸飞机的时候，要给它哈一哈气。

弹别人脑奔儿的时候，也要给手指头哈一哈气。

嗯，可不都是为了赋予其生命能量？

宋代的米芾、米友仁父子开创的"云山图"模式，生动再现天地之间的生命之气，对后世影响深远。

（无人云山）：

| 1 | 2 | 3 | 4 |

1 南宋 米友仁《云山图》克利夫兰艺术博物馆藏

2 南宋 米友仁《云山图》费城艺术博物馆藏

3 元 方从义《云山图》私人收藏

4 元 佚名《云山图》藏地不详

（有人云山）：

| 1 | 2 | 3 | 4 |

1 北宋 米芾《云山叠翠图轴》私人收藏

2 南宋 佚名《云山图》台北故宫博物院藏

3 元 高克恭《山水图》故宫博物院藏

4 明 沈周《云山图》故宫博物院藏

过小浆市

〔宋〕赵葵

人生南北兴东西，几度云山几度溪。

多亦欲归归未得，子规从此不须啼。

云山诗画——模糊人生

雾锁楼台，烟雨归舟，两幅画一静一动反映出人在云山雾绕的自然界中的状态。

自米芾父子开创"米氏云山"画题之后，"云山图"就成为历代画家非常喜爱的经典画题，经久不衰，佳作频出。

云山往往代表着人们对世界的迷茫和困惑。

个人困惑属于人生际遇，集体困惑那就是历史周期。"云山图"长盛不衰的原因之一就是，人们不是困于人生际遇，就是陷于历史周期。

人算不如天算。

人们过分依赖一己之力的理性和逻辑，常常并不能看清楚这个纷繁复杂的世界，有时还会误入歧途。

更加松弛的模糊认知和自然而然的感性意识，却时常会让人感受到时代的脉搏。

平时不太受重视的艺术思维，就对培养模糊认知和感性意识大有帮助。云山图的范式就是一种典型的对模糊思维的艺术表达。

明代的沈周是一位特别善于表现人和世界亲和感的画家。他在自己的一幅《云山图》中自题："看云疑是青山动，谁道云忙山自闲。我看云山亦忘我，闲来洗砚写云山。"

洗砚就是清空自己，反而更有可能去把握这云山雾绕的世界。

元 高克恭 《山水图》 故宫博物院藏

元 方从义 《风雨归舟图》 克利夫兰艺术博物馆藏

人消夏

古画中的避暑和消夏是两个概念。

避暑是躲到山野、柳荫和溪畔这些清凉之地。如果暑热注定避无可避，人们也只能想各种办法来消夏了。

南宋时期的《宫沼纳凉图》，所绘就是南宋宫苑中的妃子在池塘边赏花消夏的场景。

池中莲花盛开，岸边柳枝摇曳。画面正中一妃子双手抱膝依靠桌几，闲坐于铺着锦垫的红漆榻上。她面容丰腴，神情自若，衣衫上接有华贵的薄纱袖笼，素肌可见，清凉透气。

妃子身后有一内官，执一柄绘有凤纹的白色障扇。另有一侍女立于桌后，手中正在削切香料，桌上放着一把冬景寒梅小团扇。估计一会儿她就要轻挥小扇，闻香去暑了。

妃子左侧的黑漆小桌上，还放置着一个盛有冰块、仙桃、执壶、水瓶的大型消夏冰盘。

柳荫凉池，莲花冷饮，仙桃冰盘，切香去暑，外加障扇薄纱。这炎炎夏日，宫廷消暑怎一个消字了得。

南宋 佚名 《宫沼纳凉图》 台北故宫博物院藏

1 南宋 佚名《荷亭消夏图》台北故宫博物院藏

2 南宋 刘松年《荷亭消夏图》藏地不详

3 元 佚名《湖庄消夏图》藏地不详

4 明 宋旭《清吟消夏图》台北故宫博物院藏

| 1 | 2 |
| 3 | 4 |

消暑

〔唐〕白居易

何以消烦暑，端坐一院中。

眼前无长物，窗下有清风。

散热由心静，凉生为室空。

此时身自保，难更与人同。

扇生风

天气热了，货郎开始卖扇子。炎热的夏天，从一把扇子开始。

东汉时，羽扇衰落，竹木框架的圆扇兴起，内绷丝绢、绫罗之类织品，称之为"纨扇"或"团扇"，也叫"合欢扇"，象征团圆吉祥。

团扇有多种形状，还有流苏扇坠为饰，是古代夏季的必备物品。

在去热消暑的主要实用功能掩护下，团扇还有了装饰、扑蝶、遮挡、传情等众多衍生审美功能。

南宋　李嵩　《面扇货郎图》　圣路易斯艺术博物馆藏

装饰

三国两晋时，人们开始在扇面上点画或刺绣山水花卉、文人诗句，团扇日益精美雅致。东晋王羲之就曾为卖扇老妇在扇上题字，助她赚钱。

扑蝶

唐朝仕女们的团扇大多轻薄小巧。

唐代诗人杜牧说："银烛秋光冷画屏，轻罗小扇扑流萤。"仕女用团扇扑流萤飞蝶，活泼天真，柔美灵动，成为一种传统审美定式。

唐代诗人上官仪说："石榴绞带轻花转,桃枝绿扇微风发。"闺阁仕女手摇团扇,清风徐来,流苏摇曳,不仅平添娴雅文静的仪态,更流露出她们天真活泼的本性。

遮挡

古代团扇面多以轻薄半透明的真丝绡制成。它的遮掩并非要完全挡住、不可窥见,其妙处在于似掩非掩、似露非露,更具魅力的朦胧感。

南北朝时期的诗人何逊有诗云:"何如花烛夜,轻扇掩红妆。"当时新娘出嫁必须用团扇遮面,一是"遮羞",二是"避邪"。

唐代温庭筠说:"扇薄露红铅,罗轻压金缕。"薄薄的罗扇虽然遮掩了美女的面目,但隐约间露出脸上的红妆,更激发起旁人对扇后容貌的无限遐想。

"轻罗团扇掩微羞,酒满玻璃花满头。"东方女性的自我约束和克制就体现在这一把小小团扇里。

这是一种高级的含蓄之美,需要去发现和追寻。完全暴露,毫无悬念,也就失去了想象的空间。所谓风韵,正在这种朦胧与细微的表露之间。

传情

团扇上的精美花鸟画,都是主人精心挑选的结果,也是其性格气质的反映。不同场合的团扇,往往委婉传递出主人的不同心境心态、思想性格以及审美取向。

北宋赵佶《摹张暄捣练图》中,小宫女手中的鸳鸯团扇意味深长。正是文徵明"眉端心事无人会,独许青团扇子知"诗中之意。

团扇也有悲伤的故事。"人生若只如初见,何事秋风悲画扇。"这是清代纳兰性德的著名诗句,用了汉代班婕妤被弃的典故。班婕妤,善诗赋,有美德。汉成帝开始被她的美貌及文才所吸引,很是宠爱。但是自从赵飞燕姐妹入宫后,班婕妤便受到了冷落。她自请独居深宫,以免是非,借秋扇自怜,作《团扇诗》,"裁为合欢扇,团团似明月","弃捐箧笥中,恩情中道绝"。

南北朝梁刘孝绰在《班婕妤怨》中说道"妾身似秋扇",后来秋扇就比喻女子被弃,如同秋天被搁置起来的扇子。

团扇是夏季的雅器,也是秋天的悲歌。它既彰显着女性的魅力,也掩饰了女性的娇羞,甚至还象征着女性的命运。

1　北宋　徐崇炬（传）《仕女扑蝶图》弗利尔美术馆藏

2　明　唐寅　《班姬团扇轴》台北故宫博物院藏

3　明　唐寅　《秋风纨扇图》上海博物馆藏

4　清　闵贞　《纨扇仕女图轴》上海博物馆藏

$$\frac{1}{3} \Big| \frac{2}{4}$$

青玉案

〔明〕文徵明

庭下石榴花乱吐，满地绿阴亭午。

午睡觉来时自语，悠扬魂梦，黯然情绪，蝴蝶过墙去。

骎骎娇眼开仍，悄无人至还凝伫。

团扇不摇风自举，盈盈翠竹，纤纤白苎，不受些儿暑。

棋去暑

商山四皓，是秦朝末年四位博士 [东园公唐秉、夏黄公崔广、绮里季吴实、甪（lù）里先生周术]。他们都曾是秦始皇时七十名博士官之一，因不满秦始皇"焚书坑儒"，而隐居于商山，逍遥自在，与世无争。

据考，西汉初年时，四人均已八十多岁，须眉皓白，"四皓"因而得名。

他们的故事后来成为中国古画的经典题材。

汉高祖刘邦曾多次邀请四人出仕，但都被拒绝。后因吕后所生太子刘盈驽钝，刘邦欲改立戚氏所生的赵王刘如意为太子。吕后急用张良之策，让太子刘盈写一封言辞谦恭的书信，并带上锦帛之礼，配备舒适车辆，诚恳聘请商山四皓出山。最终四人果然答应下山辅佐太子。这幅元代《商山四皓图》所绘即是此情景。夏山之中，四皓正在静心弈棋。

追求真理、捍卫理想的志气，往往都是一次性的坚定选择，不会总是心心念念的宣示。就如同画中的几位老者，闲棋即是言志，无他忘我，躬身融入。四皓棋局，既是等待道友棋戏决出的小结果，也是以自己的理想与世相搏，等待时间给出大结果。好在他们都足够长寿，等到了渴望知识与智慧的汉太子刘盈，迎来了转机的那一刻。

有四皓辅佐，太子刘盈地位得以保住，并即位成为汉惠帝。但弱子终究不敌强母，朝政大权逐渐旁落其母吕后手中。四皓后来又重归深山隐居。发轫于商山四皓，沿承于十八学士，文人高士夏季弈棋就成了中国古画传统的审美定式。

元 佚名 《商山四皓图》 故宫博物院藏

1 五代南唐 周文矩（传）《荷亭弈钓仕女图》 台北故宫博物院藏

2 宋 佚名 《十八学士图之棋》 台北故宫博物院藏

3 元 任仁发 《琴棋书画图–棋》 东京博物馆藏

4 明 冷谦（传）《蓬莱仙弈图》 弗利尔美术馆藏

1	2
3	4

新开棋轩呈元珍表臣

〔宋〕欧阳修

竹树日已滋，轩窗渐幽兴。

人间与世远，鸟语知境静。

春光霭欲布，山色寒尚映。

独收万籁心，于此一枰竞。

小暑，六月节。

《说文》曰：暑，热也。就热之中，分为大小，月初为小，月中为大，今则热气犹小也。

一候温风至；二候蟋蟀居壁；三候鹰始击。

——元 吴澄《月令七十二候集解》

含义：暑为温热之气，小暑时节，潜伏在土地中的热气开始慢慢散发出来。暑气吹至，热气逼人；田野中的蟋蟀，逐渐移入庭院墙角避暑；而幼鹰则在暑热中开始学习搏杀猎食，为秋天早做准备。

小暑

农历六月初

公历

7月6日—8日

第十一章　涣奔其机

小暑节气，地球绕太阳运行至黄道十二宫的午和未之间，其节气特征基本与《易经》中的涣卦、鼎卦和履卦等所反映的变化规律相吻合。

小暑，是二十四节气之第十一个节气，夏季的第五个节气。

暑，炎热之意。小暑就是小热，还没有到最热的时候。

小暑开始进入伏天，所谓"热在三伏"。三伏天通常出现在小暑与处暑之间，是一年中气温最高的时段。民间有"小暑大暑，上蒸下煮"之说。

我国绝大部分地区属于大陆性季风气候。夏天的季风带来了海洋的暖湿气流，使得许多地区高温又多雨，非常有利于农作物成长，但是雷暴天气也最为频发。

过去中国南方地区，民间有小暑"食新"的习俗，即在小暑过后尝新米。农民将新割的稻谷碾成米后，做好饭供祀五谷大神和祖先，然后大家一起品尝新米。

▍应时之征 | 雏鹰始击

《易经·涣卦·爻辞》："涣奔其机，悔亡。"（涣奔其机：抓住时机发展壮大自己。）

惊蛰，昆虫们开始活动了。

芒种，吃昆虫的螳螂和吃螳螂的伯劳也都出来了。

接下来的小暑，吃禽鸟的鹰隼出场，也就顺理成章了。

这就是大自然的食物链出场顺序。

这幅《鹜鹰图》，描绘小鹰在老鹰的陪伴下练习捕杀喜鹊的情景。

图中老鹰雄踞一突起的山石，眼神犀利，从容自若，像一个老练而威严的师父。它的余光一边盯着躲在石下的喜鹊，一边观察空中翻转俯冲、寻机击杀喜鹊的小鹰。

初夏出生的雏鹰，需要抓紧时机尽快掌握生存的基本技能，只有在夏季练好捕猎本领，吃饱肚子，长好身体，才能羽翼强健地迎接肃杀的秋季。

这就是"涣奔其机"的要义。

小暑时节，雏鹰练习飞翔捕食或许也是习字的出处。习（習）本义就是鸟在太阳的照射下练习飞行。

元　徐泽　《鹜鹰图》　日本黑田纪念馆藏

▍顺时之人 | **槐荫消夏**

《易经·鼎卦·象》曰："木上有火，鼎；君子以正位凝命。"（正位凝命：摆正位置，凝聚力量，以完成自身使命。）

仲夏时节，酷暑难耐。

南宋《槐荫消夏图》中，一位文士家中，毛笔砚台已经摆好，而书桌上摞着的一包裹书卷还没有打开。

读书的压力好大呀，年纪不大，头都秃了。

炎热的夏季实在读不下去了，先睡一觉再说吧。于是，这位老兄袒胸露怀，双腿高跷，酣然入睡了。

古人认为跷腿而眠可以健身养生，益寿延年。

他为什么睡得这么香呢？我们看看这榻屏上都画了啥。有寒山白雪、寒树枯枝、寒溪覆冰，一派天寒地冻的景象。

炎炎夏季，有这么好的心理降温屏风相伴，倒也可以安心睡去了。

屏中冰天雪地，这位老兄"望梅止渴"，期待在睡梦中幻入清凉世界。

到了更热的大暑，他或许真的要考虑遁入深山避暑了。

南宋 佚名 《槐荫消夏图》 故宫博物院藏

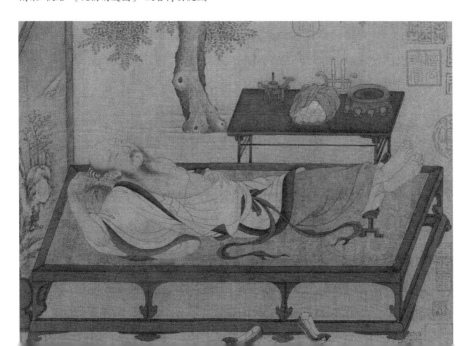

当时之务 | **盛夏田园**

暑夏里这么逍遥自在的睡姿，是否也是一种意义上的"正位凝命"？

《江乡农作图》是一幅描绘江南水乡夏季耕织劳作的长卷画作。

开卷即见渔舟捕鱼、水牛耕地的劳动场景。

天气炎热，耕牛也要实行"三班倒"的制度，轮流休息以恢复体力。天干地热，及时灌溉农田是当务之急。图中可见农夫们在用脚踏翻车和牛转水车汲水浇田。

可能是因为天气太热了，人和牛都需要消暑降温。画中有一段儿农夫在河中沐浴水牛的情景，十分野逸豪放，我们来围观一下。

一位穿着短裤（古代称"犊鼻裈"）的农夫刚刚把牛牵上岸，正在梳理牛绳。

还有一位兄弟正在牵牛上岸，他看上去好像只穿了件上衣。

水中这位即将上岸的仁兄牵着牛绳，高高地站在牛背上，上身只披了件防晒的褉衣。

他旁边站在水中牵牛的这位，显然就彻底放开了。含蓄的画家只能把他的背部展示给观众。

河中还有一位老兄，在放牛的同时也彻底放飞了自我，他正以潇洒的泳姿游向岸边。这种手脚交替击水的泳姿像是在地上爬行，因此在古代叫作"爬泳"。其实基本上就是今天的自由泳。

看着他们这么清凉畅快，对岸也有一位老兄忍不住走进河中，拿起毛巾搓起了澡。

此情此景正是：

你在河里牧牛，看牧牛的人在河边洗澡。

北宋 赵士雷（传）《江乡农作图》 台北故宫博物院藏

河水沐浴了你的水牛，你装点了盛夏的田园。

几位村中长老在江边的茅亭中闲坐纳凉，他们并没有在意水中年轻人的热闹景象，正悠然地享受这个夏日。

整个庄园中的人们劳作休闲，相得益彰，各行其是，长幼有序。似有为又似无为，这就是"辨上下，定民志"的理想结果。

▌时节风物 | 温风至，鹰始击

温风至

一阵温热的夏风带来了一场及时的大雨。

高热天气中，荒秃干旱的山峰，交错裸露的汀岸，稀疏散布的树木，都会在这场雨水中得到充分的浸润。

画中水气淋漓，烟雨蒙蒙，树枝飞扬飘舞。

河满渔夫乐，草青水牛欢。

这场久违的夏雨惠及了天地万物，正所谓甘甜的雨露。

盛夏时节，热浪温风，难怪古人这样笔绘不辍，这样热切地期盼一场夏天的甘雨。

元 佚名 《夏山甘雨图》 台北故宫博物院藏

1 元 高克恭《林峦烟雨图轴》台北故宫博物院藏

1 | 2
—————— 2 元 吴镇《夏山欲雨图卷》台北故宫博物院藏
3 | 4

3 明 刘珏《夏云欲雨图》故宫博物院藏

4 清 王翚《夏山烟雨图》天津博物馆藏

咏廿四气诗·小暑六月节

〔唐〕元稹

倏忽温风至，因循小暑来。

竹喧先觉雨，山暗已闻雷。

户牖深青霭，阶庭长绿苔。

鹰鹯新习学，蟋蟀莫相催。

鹰始击

前面《鵟鹰图》中的那只小鹰并不孤独。

此时此刻，它的小伙伴也都在刻苦练习捕杀技能，为将要到来的严酷秋冬做准备。

1 北宋 晁说之 《鹰逐野禽图》 弗利尔美术馆藏

2 南宋 佚名 《隼击图》 台北故宫博物院藏

3 元 王渊 《鹰逐画眉图》 台北故宫博物院藏

4 明 林良 《秋鹰图》 台北故宫博物院藏

1 | 2
3 | 4

大暑

农历六月中

公历
/
7月22日－24日

大暑，六月中。

一候腐草为萤；二候土润溽暑；三候大雨时行。

——元 吴澄 《月令七十二候集解》

含义：大暑之后，开始进入三伏天，这是一年中最热的日子。枯草中的萤火虫孵化而出。土壤湿气潮润，天气也湿热难耐，人们只能隐蔽伏居来避盛暑之热。好在午后常有短暂的大雨，可以为人们略微消解一些暑气。

第十二章　遯而亨也

大暑节气，地球绕太阳运行至黄道十二宫的未位左右，其节气特征基本与《易经》中的遁（遯）卦、丰卦等所反映的变化规律相吻合。

大暑，是二十四节气之第十二个节气，夏季的第六个节气。

大暑相对小暑，阳光更猛烈，天气更炎热，是一年中气温最高的节气。"湿热交蒸"在此时也最为剧烈。

大暑时节高温潮湿多雨，十分有利于农作物成长，农作物在此期间成长最快。

避暑消夏是大暑的主题。宋人秦观一首《纳凉》诗深得精髓。

纳凉

〔宋〕秦观

携扶来追柳外凉，画桥南畔倚胡床。

月明船笛参差起，风定池莲自在香。

应时之征 | **空山观瀑**

《易经·遁（避）卦·象》曰："遁亨，遁而亨也。"（大意：适当退避可以获得顺利。）

大暑之时，雨水最足。山溪饱满，山涧沟谷中的瀑布也最为壮观。这激流奔涌的景象，也吸引了不少来山中避暑的文人雅士驻足留连。历史上留下了大量的观瀑图。这幅明代唐寅的《空山观瀑图》就堪称其中代表。

图绘峰峦叠嶂，高耸入云，山崖间双松并立，虬曲参天。山谷中瀑布飞流直下，如玉带垂悬。一高士在松下拄杖驻足，仰观飞瀑。

瀑布之美在于晶莹清澈，气势磅礴，纵情奔涌，不恋不绝。夏日的瀑布凝聚了大自然的伟力，不由得令人心生敬畏。隔崖仰望的文士，仿佛也渴望从中汲取能量，涤荡身心。一切矫揉造作和繁纹缛节，在奔涌而下的瀑布面前都显得微不足道。

瀑布可以尽情地冲刷郁集在文人心头的蝇头琐事，愁绪烦忧。令终日沉浸在书袋笔墨之间的他们，化繁为简，赏心悦目，放空一切，痛快淋漓。

文人空山观瀑，仿佛是找大自然的"神医"做了一次心理治疗。个中意境，恰如唐寅画中自跋："飞瀑漱苍崖，山空响逾远。惟有洗心人，行来不辞晚。"

水大难积，山溪飞流，润泽草木，遁入江河，这是一种遁入。

暑大难消，唯有避之，遁入山林，爽身洗心，也是一种遁入。

两种"遁入"都是"遁而亨也"。

明 唐寅 《空山观瀑图》 台北故宫博物院藏

▌顺时之人 | 夏山隐居

《易经·遁卦·象》曰："天下有山，遁；君子以远小人，不恶而严。"（不恶而严：不用把事态恶化产生怨恨，而自生威严。）

古代的夏天没有空调，急切想避暑的达官显贵、文人雅士，能想到的最佳方式，就是举家躲入相对清凉的山间别墅去度假。因此，古画中这类夏山避暑题材的画作也格外丰富。

这幅元代王蒙的《夏山隐居图》，就是为他人定制的消夏避暑图。画中自跋："至正甲午暮春吴兴王蒙为仲方县尹尊亲作夏山隐居。"

画中是重峦叠嶂，郁茂华滋的夏季山水。布局由近及远，虚实结合，巍峨的山峦与开阔水面相间，宽广而又深远。

而林荫掩映着的别墅，还有依岸临水的阁榭，则都让出中央躲入边角，正是暑热中清爽幽静的怡人之地。

画中有妇人伴子，童仆陪侍，归夫挑篮，充满现实生动之感，也颇具理想浪漫之气。可见这既是写实主义的避暑生活画卷，也是文人逸士的隐居梦想蓝图。

隐居也是一种更彻底的"遁"，不仅是追求一种回归自然的生活方式，也是为了远离阴险的市俗小人。是以"君子以远小人，不恶而严"。

元　王蒙　《夏山隐居图》　弗利尔美术馆藏

当时之务 | **夏畦时泽**

《易经·丰卦·象》曰："雷电皆至，丰；君子以折狱致刑。"（折狱致刑：效法雷的威震和电的光明来审理讼狱，乃至动用刑罚。）

　　大暑之时多急风暴雨，这幅《夏畦时泽图》正绘此景。画的名称，就是夏天的田地瞬时被大雨浇泽的意思。

明　周臣《夏畦时泽图》故宫博物院藏

图中狂风大作，暴雨如注，柳枝横飞，秧苗低伏。一瞬间，雨幕中十几米之外的水车、田地都已看不清，小河中的水流也突然变得湍急起来。两位正在田里务农的农夫肩披蓑衣，身着短裤，正飞速地跑过一座小木桥，奔向农舍躲避雷雨。后面的一人还拎着一个喝水用的水罐。

谁料，雨下得又急又大，农舍茅屋也被浇漏了。两个农夫正在紧张地修补屋顶，拿着一个小桌凳来应急补漏。

画面生动而富有情趣，充满了紧张的现场氛围和浓郁的生活气息，也体现出了鲜明的时令特征。

乾隆对此画曾有题记：

> 夏畦五日晴斯旱，时泽东村景入观。
>
> 防漏相于乘屋急，罢登且喜置车看。
>
> 润秧漠漠浓含陇，野树濛濛远接滩。
>
> 尚有怨咨未安者，为君周诰早知难。

周诰是《尚书·周书》中讲刑法诉讼的几篇诏书。乾隆的诗句，貌似在点评画意，但又似乎另有深意。

天下旱涝相接，忙闲不一；世间芸芸众生，善恶难齐。天高地远，难免有怨恨不平者。身为君王早就知道周朝当时颁布实施诏法，普正天下的难处。此外，言语中隐隐还有些"雷霆雨露，皆是君恩"的自比。

乾隆是如何从画中看到了诏法讼狱呢？

古人认为农历六月暑夏体现了易经丰卦的规律。《易经·丰卦·象》曰："雷电皆至，丰；君子以折狱致刑。"说的是暑夏时节常常会有电闪雷鸣的疾风骤雨，贤德的君主会效法雷的威震和电的光明来审理讼狱，乃至动用刑罚，以确保百姓安宁，天下太平。

乾隆的文化功底还是相当可以的，从画中看到了天下境况，也看到了自己的责任。

时节风物 | 大气象，人避暑，观山瀑

大气象

　　夏者，夏季草木盛大之状也。山岭逶迤，草木葱郁，大江横流，雾霭茫茫。此四图状夏日盛大气象，笔尽意极，莫能过之。古人描写夏景的古诗，往往也都是气象宏大，气势磅礴。宋代诗人杨万里的《晓出净慈寺送林子方》：

晓出净慈寺送林子方

〔宋〕杨万里

毕竟西湖六月中，风光不与四时同。

接天莲叶无穷碧，映日荷花别样红。

　　宋代诗人陆游的《初夏绝句》：

初夏绝句

〔宋〕陆游

纷纷红紫已成尘，布谷声中夏令新。

夹路桑麻行不尽，始知身是太平人。

　　当然，最有气度还是要数杜甫的《望岳》：

望岳

〔唐〕杜甫

岱宗夫如何？齐鲁青未了。

造化钟神秀，阴阳割昏晓。

荡胸生曾云，决眦入归鸟。

会当凌绝顶，一览众山小。

五代南唐 董源 《溪岸图》 大都会艺术博物馆藏

五代南唐 董源 《夏景山口待渡图》 辽宁省博物馆藏

五代南唐 董源 《夏山图》 上海博物馆藏

北宋 屈鼎 《夏山图》 大都会艺术博物馆藏

人避暑

大暑气象，天薰地蒸，高温湿热，人宜避之。

纳凉山亭

躲入山中，亭下纳凉。遮荫蔽日，八面来风。

1	2	3

1 南宋 夏圭《夏山避暑图》藏地不详

2 元 盛懋《山居纳凉图》纳尔逊－阿特金斯艺术博物馆藏

3 明 周臣《山亭纳凉图》台北故宫博物院藏

夏日山中

〔唐〕李白

懒摇白羽扇，裸袒青林中。

脱巾挂石壁，露顶洒松风。

流水凉阁

流水凉阁，堪称古代的天然空调房。

很早以前，古人就想到了借助山间高低错落的地形地势，向清风流水借凉的方法。在古画中，我们常常可以看到一些建在山谷溪流之上的水榭凉阁，古人身着素衣，坐卧其间，休闲纳凉，逍遥自在，深得避暑之道。

这幅南宋的《纳凉观瀑图》中，山岩峭壁遮阳聚气，飞瀑击石水珠玉散，翠竹藏风习习拂来，石上清溪凉波迭起。葱郁的秀树掩映之下，一座水榭凌空悬架于溪石之上，溪水潺潺流过，竹帘层层卷起。

水榭之中，一白衣高士开襟袒胸，踞席而坐，凝视溪石，若有所思。既是心静自然凉，也是纳凉心自静。

　　画中水榭不用界尺，粗笔绘制，古朴典雅，与人物心态更贴切，与自然环境更融合。

　　道法自然，巧借天工，成就了这一派清凉景象。颇具天人合一、心物一体的文人画意象。

南宋 佚名 《纳凉观瀑图》 故宫博物院藏

1 南宋 江参《水阁雅集图》圣路易斯艺术博物馆藏

1 | 2 | 3　　2 清 王翚《水阁幽人图》天津博物馆藏

3 清 王翚《水阁延凉图轴》故宫博物院藏

《郡斋雨中与诸文士燕集》节选

〔唐〕韦应物

兵卫森画戟，宴寝凝清香。海上风雨至，逍遥池阁凉。

烦疴近消散，嘉宾复满堂。自惭居处崇，未睹斯民康。

观山瀑

大暑宜避，遁入山林，大水成瀑，作壁上观。

观瀑是古代中国古画的一大传统画题。

为什么文士那么钟情于观瀑呢？文人往往学识多、阅历广，同时也更容易陷入复杂而矛盾的精神困境。山间观瀑可以让他们感受到力量的熏陶，激流的涤荡，仿佛是进行了一次身心的洗礼。

所以文人把观瀑视为一件既虔诚又有仪式感的事。

他们或独行，或结伴，或站立，或坐卧，或静观，或携琴，表现得一丝不苟，专注肃穆。

瀑布之凉，可以消暑。

瀑布之清，可以洗心。

瀑布之美，古今共赏。

1　南宋　马远《仙侣观瀑图》台北故宫博物院藏

2　南宋　马麟《观瀑图》台北故宫博物院藏

3　明　唐寅《观瀑图》台北故宫博物院藏

4　明　张元举《松亭看瀑图》南京博物院藏

$\frac{1}{3} \frac{|2}{|4}$

松瀑图

〔元〕张昱

石间激浪雪无迹，松下瀑流雷有声。

百折狂澜非是险，人心方寸最难平。

立秋

农历七月初

公历
/
8月7日－9日

立秋，七月节。

立，建始也。秋，揫也。物于此而揫敛也。

一候凉风至；二候白露降；三候寒蝉鸣。

——元 吴澄 《月令七十二候集解》

含义：夏去秋来，开始进入禾谷成熟、作物收成的季节。暑气渐消，西方吹来凉爽之风。早晚温差增大，夜间湿气在清晨形成白雾，寒意渐浓。秋天的寒蝉感应到阴气滋生，也开始鸣叫。

第十三章　天下化成

立秋节气，地球绕太阳运行至黄道十二宫的未和申之间，其节气特征基本与《易经》中的恒卦、节卦和同人卦所反映的变化规律相吻合。

立秋，是二十四节气之第十三个节气，秋季的第一个节气。

"立"，开始之意；"秋"，禾谷成熟之意。

《管子》曰："秋者阴气始下，故万物收。"立秋以后阳气渐收、阴气渐长，万物开始从繁茂成长趋向成熟。

在中国古代，立秋具有重要的意义。民间要祭祀土地，庆祝丰收。人们也要为自己贴秋膘，滋补身体，提早做好过冬的体质准备。

进入秋天以后，天气肃杀，百木萧疏，人们往往也会产生悲秋之感。唐代刘禹锡则与众不同，一首《秋词》写出秋天的豪情与诗意。

秋词

〔唐〕刘禹锡

自古逢秋悲寂寥，我言秋日胜春朝。

晴空一鹤排云上，便引诗情到碧霄。

四季本无所谓悲喜，秋天自有秋天的魅力。

▌ 应时之征 | **茸坡促织**

《易经·恒卦·象》曰："圣人久于其道，而天下化成。"（立秋时节，正是天下化成的开始。）

茸坡就是草坡，这幅南宋的《茸坡促织图》中，初秋的田野上野菊初开，杂草丛生，石头旁边两只雄性蟋蟀狭路相逢，为争夺地盘，正振翅高鸣，张牙咧嘴，准备开战。

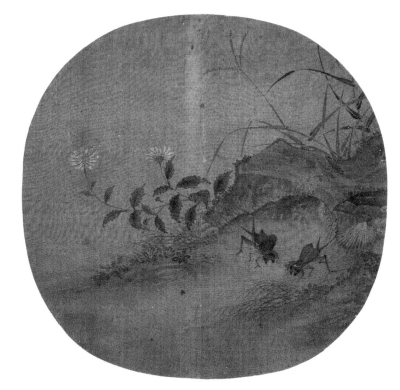

南宋 牟益 《茸坡促织图》 台北故宫博物院藏

画面中的两只蟋蟀形态逼真，生动传神，意趣盎然。

秋天是蟋蟀交配的季节，雄性蟋蟀领地意识很强，不容同性侵犯。它们个头虽小，但天性凶猛好斗，透出秋天特有的杀气。

值得注意的是，画家还在角落里的瓦砾下画了几只扇贝等小贝壳，一下子给这个生动的小场景增加了厚重的时空感。

这两只小小的蟋蟀，虽然如此灵动鲜活，杀气腾腾，但它们的生命也不过是春去秋来、沧海桑田中的匆匆一瞬。

蟋蟀在初秋鸣叫，声音就像古代织布机发出的声音，令人意识到天气即将变凉，必须赶快纺线织布，制衣御寒，所以古时候蟋蟀又被称为"促织"。

▌ 顺时之人 | 婴戏斗蛩

《易经·同人卦·象》曰："天与火，同人；君子以类族辨物。"（类族辨物：提炼内在规律，归纳族群类属，分辨事物本质。引申为君子要明辨事物，遵循规律，求同存异，与万物融洽共生。）

明代画家仇英绘有一套临摹宋人古画的《临宋人图册》，这幅《婴戏斗蛩》图就是其中之一。

画中的小朋友在做什么呢？

他们拿着宋时的蟋蟀笼，正在斗蟋蟀，也就是斗蛐蛐儿，在古代叫"斗蛩"。

古代早期的蟋蟀笼是筒状的长圆形，仇英图中宋代的蟋蟀笼也保持了筒状形制。蟋蟀笼似是由竹筒制成，髹漆雕花，制作十分精美。

笼的设计也很巧妙，中间开窗，一端开口，用类似象牙制成的圆球做塞子堵住。这种蟋蟀笼可以做到蓄养和打斗一体化。平时蓄养蟋蟀的时候就单独使用这种蟋蟀笼。斗蟋蟀时，打开塞子将两个笼筒对接连在一起，就可以瞬间让两只蟋蟀由蓄养状态转化为打斗状态。

在唐玄宗天宝年间斗蟋蟀就已盛行于京城长安一带。史书记载："斗蛩亦始于天宝间，长安富人镂象牙为笼而畜之，以万金之资，付之一啄，其来远矣。"可见到了唐代，斗蟋蟀已成为富贵人家的娱乐项目，后来又逐渐发展成一种赌博活动。

蟋蟀和最早人们的休闲娱乐联系在一起，还要追溯到春秋时期，《诗经·唐风·蟋蟀》讲明了个中缘由。

诗经·唐风·蟋蟀

蟋蟀在堂，岁聿其莫。今我不乐，日月其除。

无已大康，职思其居。好乐无荒，良士瞿瞿。

蟋蟀在堂，岁聿其逝。今我不乐，日月其迈。

无已大康，职思其外。好乐无荒，良士蹶蹶。

蟋蟀在堂，役车其休。今我不乐，日月其慆。

无已大康，职思其忧。好乐无荒，良士休休。

大意是说，秋天来了，蟋蟀都由田野进到屋里了，眼看一年又要过去。忙碌了这么久，也要有休闲娱乐的时间呀。既不荒废正业，又懂得劳逸结合，就是通达而贤良的君子。

可见，在秋天蟋蟀进屋的提醒下，古人这种顺应天时、忙闲有度的人生观，早在2000多年前的春秋时期就成型了，一直延续至今。

古人创作《婴戏斗蛩》题材的作品，也包含着休养生息、繁衍子孙的文化内涵。

明 仇英 《临宋人画册·婴戏斗蛩》上海博物馆藏

当时之务 | 七夕乞巧

《易经·恒卦·象》曰："雷风，恒；君子以立不易方。"（立不易方：确立一些恒久不变的人生理想和道德追求而不会轻易改变。）

现在的七夕节被年轻人过成了中国的情人节。实际上在古代，七夕节被称为乞巧节。最重要的习俗是妇女向天上的织女乞求赋予自己灵巧做女工的能力，很显然这是古代女性学习上进的节日。

明代画家仇英的《乞巧图》，从右至左，依时间次序，详尽描绘了明代大户人家的女子隆重庆祝七夕节的情景。

夜晚降临，蜡烛初燃。身着盛装、头上梳着各型发饰的女子们开始点火烧水，布置贡品，准备过节。她们三五成群说说笑笑，一派喜庆的氛围。

夜更深了，有位女子开始修剪烛芯。众人围坐在一起等待祭拜祈祷时刻的到来。良辰将至，祭祀织女星的活动马上开始了。众女子起身，提着冲耳乳钉香炉，捧着各式贡品走到户外。其中一位女子手捧的托盘上站着一个举着旗子的婴儿。他叫"磨喝乐"（梵文音译），是佛祖释迦牟尼的儿子。传入中国以后，经过一番汉化，成为"七夕"节供奉牛郎、织女的一种土泥人偶。人们借此来祈愿"乞巧"和多子多福的愿望。

贡奉祭品的活动结束了，各种奢华的祭品摆满了屏风前的贡桌。女子们净水洗手，即将迎来七夕节祭拜活动的高潮——对着星空，引线穿针。众女子在夜空下要将手中的七彩线穿过七孔针，通过展示过人的才艺，来表达祭拜的诚意。

穿过了七孔针的女子来到贡桌前再次祭拜，汇报穿孔成功。以求获得织女认可，达成"乞巧"的心愿。

南宋画家赵伯驹也画有一幅乞巧题材的作品《汉宫图》。图绘七夕之夜宫中贵妇嫔妃拜星乞巧的盛大场面。在宫女的引导下，老中青三位后妃贵妇，前引祭祀饩羊，后从华贵五扇，所有宫娥彩女各持品物，列队两行迤逦而行，缓缓登上楼台。穿着新衣的女子们在庭院楼台中摆上各种礼器和瓜果祭品，带着自己做的针线女工作品，乞求织女星传授心灵手巧的技艺。

南宋 赵伯驹 《汉宫图》 台北故宫博物院藏

　　古人祭祀阴阳有别，讲究"男不拜月，女不祭灶"。七夕乞巧是宋代宫中妇女界专属的年度盛典，所有男士均要回避。所以庭院里铺锦道，设步障（古代王公贵族出行使用的一种用来遮挡风尘、视线的织物屏幕），把所有男性随从人员和牛车马辂全部隔离在外。

　　该挡的挡，该放的放。画家在尺幅之间不辞繁复。先以远山秀林映衬，又引山石高木入庭。是以向地借景之意象，比兴向天乞巧之主题。实际上，中国古代妇女的聪明灵巧不是哪个神仙赐予的，而就是这样星夜穿针，一针一线磨砺出来的。伴随着蟋蟀促织的叫声，七夕乞巧活动引导古代的女子们苦练女红，熟习巧技，飞针走线，缝制衣物，为全家做好御寒准备，迎接即将到来的寒冷天气。正所谓七月乞巧，九月授衣。

　　宋代秦观有一首《鹊桥仙》，借七夕节讲述了一段缠绵悱恻的凄美爱情故事，似乎是现代年轻人把七夕节过成情人节的历史渊源之一。

鹊桥仙

〔宋〕秦观

纤云弄巧，飞星传恨，银汉迢迢暗度。

金风玉露一相逢，便胜却人间无数。

柔情似水，佳期如梦，忍顾鹊桥归路。

两情若是久长时，又岂在朝朝暮暮。

▌时节风物 | 秋风至，白露降，秋蝉鸣

秋风至

这幅元代《渔庄秋色图》，为我们描绘了一场如期而至的秋风。

图绘初秋时节，渔庄江景。从图中屋宇景物方位可知，凉风起自西北，柳条飘向东南。林木枝叶依然葱郁，但是秋风乍起，秋天已经来了。

河中，两艘渔舟并排而行。船头之上，一人垂钓，一人读书。而垂钓之人，亦心不在鱼，与读书人隔船相望，好书共赏。

岸上村坊酒旗飞扬，布满瓮缸盆罐，正是米满鱼肥，酒坛飘香。有人在酒肆宴饮闲叙，有人在家中秋窗苦读。

远景高山耸立，烟树迷蒙，已现萧瑟气象。南宋诗人叶绍翁有一首《夜书所见》，正合此情此景。

元 佚名 《渔庄秋色图》 台北故宫博物院藏

夜书所见

〔宋〕叶绍翁

萧萧梧叶送寒声，江上秋风动客情。

知有儿童挑促织，夜深篱落一灯明。

白露降

金风至则玉露来，即所谓初秋时节的金风玉露。初秋的露水往往悄悄地隐藏在大自然中，需要有心人去感受和发现。

唐人戴察有《月夜梧桐叶上见寒露》一诗，描写桐叶白露，意冷境高。

月夜梧桐叶上见寒露

〔唐〕戴察

萧疏桐叶上，月白露初团。

滴沥清光满，荧煌素彩寒。

风摇愁玉坠，枝动惜珠干。

气冷疑秋晚，声微觉夜阑。

凝空流欲遍，润物净宜看。

莫厌窥临倦，将晞聚更难。

元 倪瓒 《桐露清琴图》 台北故宫博物院藏

几百年后，元代画家倪瓒有一幅《桐露清琴图》，与此诗心有灵犀，情意相通。画家用写意的方式再现诗中景象。

远山清旷，秋水静流，近景茅屋一间，修竹围绕，旁有几株桐树为伴。

整幅画面水润清沥，简洁典雅。虽不闻风见露，但是在高大的桐树上随风飘摇的松萝却是以雨露为生。

倪瓒自跋：

> 暮投斋馆静，城郭似幽林。
> 落月半床影，凉风鸣鹤音。
> 汀云萦远梦，桐露湿清琴。
> 卑喧净尘虑，萧爽集冲襟。

凉风瑟瑟如鹤鸣，桐露滴滴湿清琴。金风玉露，这种藏在大自然中的萧爽，只待观者亲身感受了。

秋蝉鸣

蝉，夏秋皆鸣，但是人们总是觉得秋蝉是凄寒的悲鸣。入伏以后活跃的小蝉，北方叫"伏凉儿"，它的出现也预示着天气转凉，秋天已至。

明代沈周《卧游图册》中有一幅《秋柳鸣蝉》，画了一只柳枝上的秋蝉。柳条枯垂，寒蝉喋喋。

画中自题：

> 秋已及一月，残声达细枝。
> 因声追尔质，郑重未忘诗。

生命将尽而秋鸣不止。

画家用诗情画意，对一只即将谢幕的寒蝉郑重表达了敬意。

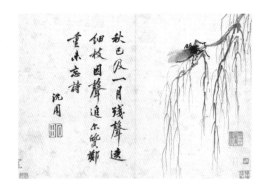

明 沈周《卧游图·秋柳鸣蝉》 故宫博物院藏

处暑，七月中。

处，止也，暑气至此而止矣。

一候鹰乃祭鸟；二候天地始肃；三候禾乃登。

——元 吴澄《月令七十二候集解》

含义：炎热的天气到此为止，暑气退去，真正开始秋凉了。老鹰大量捕猎，捕得的猎物像祭拜一样陈列开来。天地肃杀之气渐起。黍、稷、稻、粱等谷类作物已经成熟了。

第十四章　有命无咎

处暑节气，地球绕太阳运行至黄道十二宫的申位左右，其节气特征基本与《易经》中的否卦、节卦等所反映的变化规律相吻合。

处暑，是二十四节气之第十四个节气，秋季的第二个节气。

处暑节气，暑气逐渐隐退消散，实际上是冷空气逼退暑热空气的一个过程。

时至处暑，已到了高温酷热天气"三暑"（小暑、大暑、处暑）之"末暑"。"三暑"与"三伏"均代表高温酷热天气，时间也基本一致。暑天来，伏天到；伏天消，暑将尽。

立秋之后才是处暑，酷暑时间比较长。古人也将立秋起至秋分前这时段称为"长夏"。

明代张穆有一首《处暑》，生动写出了自己在处暑时节的悠闲与自在。

处暑

〔明〕张穆

一岁频过处暑天，单衣林麓胜情偏。

田无负郭供公役，邻有藏书借为编。

山市每欺沽酒近，岩居深德种桃先。

宵来疏雨添无赖，尽夜绳床恣意眠。

应时之征 | 芙蓉鸳鸯

《易经·否卦·爻辞》曰："有命无咎，畴离祉。"（大意：顺应天命才不会犯错误，并惠泽同伴，有福同享。畴：同类，后作"俦"。离：通"丽"，附丽，附着。祉，福祉。）

元代画家张忠有一幅《芙蓉鸳鸯图》，描绘仲秋时节的水边一景。画面简洁生动，明快清雅，颇具韵味。

水岸高大挺拔的木芙蓉，正当处暑花期，枝头花朵次第开放。

几株野菊花也斜伸水面摇曳生姿。

水中一对鸳鸯正在游弋。雌鸳鸯在前，昂首鸣叫；雄鸳鸯在后，俯首伏波。雌鸳鸯看起来精神抖擞，雄鸳鸯则有些暗自神伤。

这种雌领雄从的画面语言，仿佛也暗示着处暑之后天气阴强阳弱、暑热渐退的变化趋势。

有命无咎，小小的鸳鸯也要听从大自然的安排。

元 张中 《芙蓉鸳鸯图》 上海博物馆藏

▍顺时之人 | 帝王秋猎

《易经·节卦·象》曰："泽上有水，节；君子以制数度，议德行。"（制数度、议德行：用制定制度的方法落实礼数和法度，用评议和舆论的方法推广道德和品行。）

秋天肃杀，秋天的鹰也充满了杀气，猎鹰更是如此。

这幅明代《宣宗马上像轴》描绘了明宣宗朱瞻基臂架猎鹰，在秋天骑马打猎的英姿。

一片辽阔无垠的原野，河中秋水荡荡，河岸芦苇丛丛。

宣宗将缰绳套于手指之上，骑着骏马，沿河畔飞驰，有意惊起一队群雁。

他目视前方，右手驾鹰，左手挡在鹰前，随时准备放出猎鹰，完成一次凶猛的猎雁击杀。

史料记载，明宣宗本人尤为重视弓马，精于骑射，爱好打猎，有浓厚的尚武精神。画中宣宗身穿飞鱼服，头戴蒙元风格的盔式毡帽，上缀顶珠。身材魁梧，英姿飒爽，须眉皓然，仪表堂堂。

在古代，君王狩猎的传统从春秋一直延续到明清，是一项历史悠久的礼法制度，而不仅仅是君王的个人喜好。这有演军备战、团结官僚、震慑敌邦等多重目的，是"制数度，议德行"的落实体现。

明 佚名《宣宗马上像轴》台北故宫博物院藏

当时之务 | 草堂耕读

《易经·否卦·象》曰："天地不交，否；君子以俭德辟难，不可荣以禄。"（俭德辟难，不可荣以禄：君子以俭朴的德行来避免危难，不可一味地追求禄位获取荣华。）

初秋处暑，进入收获季节的农庄是什么样子呢？

明代吴门画家文伯仁有一幅《南溪草堂图》可资参考。

不过，说是草堂，实际上画的是明代江南望族顾氏的庄园别业。此处草堂庄园原址位于上海打浦桥地区，历经顾家几代人的持续经营，100 多年来荫护家族，繁衍子孙，滋养人文，良才辈出。

展开画卷，我们一起来看一看这座丰润厚泽的庄园吧。

这是典型的水道纵横、河湖密布的江南水乡。林木茂盛，桥梁众多，可分别从陆路过桥和水路乘船进入。

首先映入眼帘的一个小院子里有一个卵形的草庐，这种草庐一直从宋代流传下来，是归隐之人潜心修道的私密空间。它的主人此时正在旁边的大屋子里会客。

接下来是一个大院子，有一个敞亮的三开间厅堂作为客厅，有书法屏风和珊瑚摆件。右手边是书房，左手边是卧室。宽敞的院子中间有一口圆形的石栏水井和一个方形的石水池，左右两侧各有一座雅致的湖石。整个院子干净整洁，既充满了生活氛围，又洋溢着文艺气息。

这座院子应该是整个庄园的中心，紧挨着它的是一座专用的书房。书房外还有一个喂鸟的食台，读书之余，还可放松精神，观鸟怡情。

再往前走就到了农业生产区。首先是一个非常别致的竹木结构的人居坞舫，还紧邻着一个水网捕鱼台。工作生活一体化，效率极高，颇具渔家风采。

坞舫的上方（北面），有一处很大的稻米加工和储藏区域，谷堆高高可见。此院落有专人值守，并饲养着家禽。

在谷仓院的对面，建有一处船坞，里面停着木船，主人的渔船和游船都可以停在这里。书香门第，船坞旁的茅屋中都有人在临窗读书。

再往前走是密布的稻田，稻田边的土岗下有一座小庙，应该是保佑风调雨顺的土地庙或龙王庙。在庙的前面有一片种着各种蔬菜的菜地。一条蔓延穿越河湖的木栈道直通这里。

菜地的对面有一个草药圃，遍植各种中草药。被药圃围绕的是一个赏石园，里面耸立着各种瘦、皱、透、漏的奇妙湖石，园内有石凳石案，可供围坐近赏。河中有人正在乘船读书游赏。对岸还建了一座精雅的草亭，可供隔岸远观。

在远处的另一个茅草亭下有一座大型的牛拉龙骨水车，负责浇灌片片相连的稻田。

这座丰收在望的江南水乡庄园地产丰饶，设施齐备，完全可以做到自产自足、生生不息，是中国古代士大夫心中耕读传家的梦想田园。

耕读传家久，诗书继世长。

这其中的根本道理就是"君子以俭德辟难，不可荣以禄"。

▋ 时节风物 | 鹰祭鸟，禾乃登，采菱角，秋羽猎

鹰祭鸟

明代画家林良有一幅《鹰图》，老树虬枝之上站着一正一背两只苍鹰，相向而对。正者在上为阳，背者在下为阴，这也是一个类似太极图式的构图，象征着寒升暑降的变化趋势。

同时阳在上，阴在下，这也是易经中的否卦。阴阳不通，天地不交，大往小来，意味着秋天越来越闭塞和衰败，从而暗藏杀气，庚气变重。

《礼记·月令》上说"初候，鹰乃祭鸟"。"祭"字一说古人多有附会。实际上到了秋天，草食禽类种群繁殖旺盛，体壮身肥，为肉食性的鹰隼准备好了丰富的食物储备。秋高气爽，鹰厉眼疾，正是它们捕猎的好时节。

这幅明代的《秋柯苍鹰图》正如它所描绘的季节，充满了肃杀的气息。苍鹰独立枝头，老柯枯梢，亦形如鹰爪，杀气腾腾，令人不寒而栗。似天罗地网，伸

向四面八方。

　　在苍鹰的居高临下的凝视下，两只小鸟在竹丛中惊慌逃窜。从苍鹰镇定自若的姿态上看，它们恐怕厄运难逃。

明　林良　《鹰图》　台北故宫博物院藏

元　佚名　《古木竹禽图》　大都会艺术博物馆

1 北宋　王诜《画鹰图》台北故宫博物院藏
1｜2
3｜4 2 元　任仁发《鹰隼图》印第安纳波利斯艺术博物馆藏
3 元　佚名《鹰兔图》故宫博物院藏
4 清　张雨森《岩上鹰图》大英博物馆藏

《雁门胡人歌》节选

〔唐〕崔颢

高山代郡东接燕，雁门胡人家近边。

解放胡鹰逐塞鸟，能将代马猎秋田。

禾乃登

登是成熟的意思。禾乃登，就是说到了处暑稻谷就要成熟了。

元朝建政伊始，游牧民族的贵族们非常轻视农业，还有人企图毁掉农田，修建牧场。但是元朝的统治者很快就意识到农业的重要性。特别是元世祖忽必烈，开始大力推动农业发展。

这幅元代的《嘉禾图轴》就诞生在这样的背景下。

一株粗壮高大的稻子长在画面中间，茎叶繁茂，稻谷累累，左右两边各有一小株稻禾拱卫。此画看似构图简单，甚至稍显凌乱，但却叶强谷壮，充满着一种强大的生命力。

细以观之，画作用笔洒脱自然，精妙老到，对禾叶和稻谷的描绘细致入微，栩栩如生。花青染叶，赭石点谷，配色也十分典雅。

整幅作品豪放大气，主题鲜明浓烈。稻谷顶天立地的构图，亦有民以食为天之意。

明宣宗朱瞻基也曾亲作《宣宗嘉禾图》。

画中一株果实累累的金色谷子，插在一个淡蓝色的玻璃贯耳瓶中。那个时候，

元 佚名 《嘉禾图轴》 台北故宫博物院藏

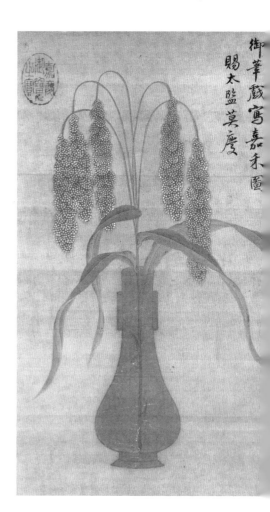

御笔戏写嘉禾图
赐太监莫庆

明 朱瞻基 《宣宗嘉禾图》 台北故宫博物院藏

这种玻璃瓶应该十分珍贵，当局者以此显示对农业的重视、对丰收的企盼。

所谓"嘉禾"，指生长茁壮的奇异稻谷。

《清史稿·礼志二》记载："雍正二年，耤田产嘉禾，一茎三四穗。越二年，乃至九穗。"

这幅画中的谷子是一茎五穗，实属名副其实的"嘉禾"。整幅画作充满着对平安富足的祈盼。

鹌鹑和稻禾是古画中的经典组合，代表着天下安和之意。

1 南宋 李安忠 《鹌鹑图》上海博物馆藏
2 南宋 佚名 《安和图》台北故宫博物院藏
3 元 佚名 《粟鹑图》大英博物馆藏
4 元 佚名 《嘉谷鸣禽图》台北故宫博物院藏

$$\frac{1|2}{3|4}$$

七日逆洛夜宿延秋庄上

〔宋〕邵雍

八月延秋禾熟天，农家富贵在丰年。

一箪鸡黍一瓢酒，谁羡王公食万钱。

采菱角

处暑时节南方的女子们开始采菱角。

元代赵雍有一幅《采菱图》，描绘初秋时节女子们水中驾舟采摘菱角的情景。

五只采菱的轻舟散布湖中，荡漾在密密菱叶之间。

远远望去，采菱的女子们高挽发髻，用几乎一致的姿态坐在船头采菱。

画家以远距离俯瞰的视角，用既生动写意又艺术概括的笔法，把采菱的劳动场景，描绘出一种空灵而雅致的美感。

明代沈周也有一幅《采菱图卷》，很明显是借鉴了赵雍这种悠远淡然的构图和表现方式，但配色更加艳丽，更具沈氏风格的活泼和写实气息。

秋湖采菱的景象也引得岸边阁楼之上的文士驻足远眺。但在文人眼中，菱角成熟是秋天来临的标志，采菱好像自带一种悲秋的惆怅。

南朝诗人江淹感慨："秋日心容与，涉水望碧莲。紫菱亦可采，试以缓愁年。"

另一位南朝诗人鲍照，则更感伤道："怀古复怀今，长怀无终极。"

民间有句俗语"七菱八落"，指的是菱角通常在农历七月成熟，八月落柄。

元　赵雍　《采菱图》　台北故宫博物院藏

明　沈周　《采菱图卷》　上海博物馆藏

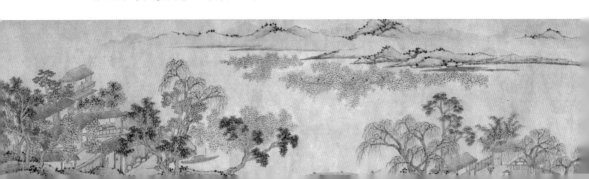

后来被讹传成"七零八落"，表示秋天伤感寂寥的心情，后来便用以形容一切散乱不堪的事物。

看来菱角好像是悲秋之源。

秋羽猎

秋天的肃杀之气使草木萧疏，百兽厉疾。

人类也概莫能外，历史上的君王大都是春夏行赏，秋冬行刑。军事上也是秋伐不休。

《周礼》中把掌管刑罚的司寇称为"秋官"，也是指秋季才能执刑杀之事。

《礼记·月令》记载："孟秋之月，用始行戮。"

由于粮草补给问题，中国古代战争史的特点就是"春耕秋战""沙场秋点兵"。

一个地区经过春生夏长的发展之后，到了秋天很可能对劳动成果产生争夺、争战。因此，《易经》总结说："至于八月有凶。"

秋后算账，秋天多事，是谓"多事之秋"。

自先秦以来，中国古代帝王都有借春秋两季园林打猎，来练兵习武、养军备战的传统和制度。

这幅《上林羽猎图》描绘的是汉武帝初秋在上林苑行猎的盛大场面。

元 佚名 《上林羽猎图》（局部）台北故宫博物院藏

　　"苑"就是古代帝王游玩、打猎的园林。帝王出猎，士卒负羽箭随从，故称"羽猎"。上林苑是汉武帝训练侍卫亲军"羽林军"的地方，意取"为国羽翼，如林之盛"。

　　这是描绘唐太宗打猎的《太宗出猎图》。

　　李世民是历史上著名的武皇帝，经常率领大臣浩浩荡荡外出骊山林苑狩猎，习练骑射。还因打猎过多被大理寺少卿孙伏伽以劳民伤财的理由阻谏。

　　自宋太祖赵匡胤之后，宋代的皇帝以"帝雅不好弋猎"为由，减少了打猎活动。到宋仁宗时，更是彻底废止了帝王的"田猎"制度。

元 赵雍《太宗出猎图》私人藏

出猎

〔唐〕李世民

楚王云梦泽，汉帝长杨宫。

岂若因农暇，阅武出辖嵩。

三驱陈锐卒，七萃列材雄。

寒野霜氛白，平原烧火红。

雕戈夏服箭，羽骑绿沉弓。

怖兽潜幽壑，惊禽散翠空。

长烟晦落景，灌木振岩风。

所为除民瘼，非是悦林丛。

这幅《元世祖出猎图》，描绘的是元世祖忽必烈秋原狩猎的情景。元代时，元廷每年四月要从大都返回上都（即从北京回到内蒙古锡林郭勒），直到八月再返回。返回前的初秋时节，水草丰美，动物繁壮，元廷便组织大规模的狩猎习武活动。

元　刘贯道《元世祖出猎图》台北故宫博物院藏

　　明朝时，自太祖朱元璋开始就十分重视皇家狩猎活动。明成祖朱棣迁都北京后，把皇家猎场定在了北京南部的南苑。这是描绘明宣宗朱瞻基秋季狩猎场景的《猎骑图》。

　　清朝入关后继承了民族秋猎的传统，并赋予了其军事、政治和外交的功能。康熙二十二年（1683），康熙皇帝首次率领满汉蒙各族王公大臣和八旗兵勇来到承德木兰围场行围，开启了清朝持续了 130 余年的木兰秋狝制度。

　　这幅清代《秋猎图》中，居于中央"C 位"的红衣骑马人，很可能就是康熙。

明 佚名 《猎骑图》 台北故宫博物院藏

清 佚名 《秋猎图》（局部）藏地不详

白露，八月节。

秋属金，金色白，阴气渐重，露凝而白也。

一候鸿雁来；二候元鸟归；三候群鸟养羞。

——元 吴澄《月令七十二候集解》

含义：秋天五行属金，金的颜色是白，故而称秋露为白露。
天气渐凉，北方的鸿雁飞向南方，燕子也南飞避寒。百鸟
开始储存食物，换上丰满的冬羽，准备冬天来临。

白露
↓
农历八月初

公历
/
9月7日—9日

第十五章　无初有终

白露节气，地球绕太阳运行至黄道十二宫的申和酉之间，其节气特征基本与《易
经》中的巽卦、萃卦和大畜卦等所反映的变化规律相吻合。

　　白露，是二十四节气之第十五个节气，秋季的第三个节气。

　　这个节气表示孟秋时节的结束和仲秋时节的开始，是秋季由闷热转向凉爽的
转折点，也是中国各地秋收大忙的时节。

　　唐代杜甫的一首《白露》，诗意地描述了人在白露时节的状态：

白露

〔唐〕杜甫

白露团甘子，清晨散马蹄。

圃开连石树，船渡入江溪。

凭几看鱼乐，回鞭急鸟栖。

渐知秋实美，幽径恐多蹊。

▉ 应时之征 | 沙汀白鹭

《易经·巽卦·爻辞》："九五，贞吉，悔亡，无不利。无初有终。先庚三日，后庚三日，吉。"（无初有终：巽卦卦象为风，有顺从的特性。随势而动，无法掌握最初的开始，但能得到最后的结果。）

"云日楚天暮，沙汀白露深。"①中国文化中，白鹭往往就是白露的象征。

南宋夏圭有一幅《五位图》②（又名《白鹭五位图》），描绘的就是蒹葭苍苍，沙汀水寒的仲秋景象。

画中秋风习习，芦苇飘摇，秋水潋潋，江湖清旷。二只白鹭站立在岸边，一只俯身在水中啄食，另一只昂首在风中回望。身形有致，顾盼生姿。

南宋 夏圭 《五位图》东京博物馆藏

虽然景色萧疏，秋风瑟瑟，但是两只白鹭，姿态优雅端庄，翎毛飘逸灵动，更加显得从容自若，气韵悠然。

情不知所起，而一网情深。古人悲秋，白鹭往往成为其抒情寄寓的对象。

唐代白居易曾赋诗《白鹭》一首，慨叹人生之多愁，赞羡鸟儿之脱俗。

人生四十未全衰，我为愁多白发垂。

何故水边双白鹭，无愁头上亦垂丝。

---

① 引自唐代郎士元《送长沙韦明府》：秋入长沙县，萧条旅宦心。烟波连桂水，官舍映枫林。云日楚天暮，沙汀白露深。遥知讼堂里，佳政在鸣琴。

② 此画名中的"五位"是指一种鹭。五位鹭，青鹭火的别称，是日本神话传说中的一种鸟。此画流落日本，故被起名为"五位"。

秋风不知从何而来，但却见无边落木萧萧下。

白露不知从何而来，但却见玉液垂珠滴秋月。

愁思不知从何而来，但却见朝如青丝暮成雪。

这就是秋天的大自然呈现出来的"无初有终"的物象。

顺时之人 | 秋江渔乐

《易经·萃卦·象》曰："泽上于地，萃；君子以除戎器，戒不虞。"（除：修治。虞：意料。除戎器，戒不虞：众聚之地必有争夺，君子应该整备好兵器（工具，器具），以戒备意外情况发生。）

明代画家丁玉川有一幅《渔乐图》，生活气息十分浓郁。

秋江之畔，岸渚泊舟，旁有红枫矗立，芦苇飘摇。一渔父盘坐船头，自斟自饮，甚是逍遥。

生活的情怀往往隐藏在细节里。渔夫衣肩上的一块补丁，是他纯朴的渔夫形象的标志。船篷上的酒葫芦和餐桌上的酒壶酒盏体现渔家情怀。鱼盘汤罐反映着秋水鱼肥的时鲜之享。这一切都是秋江渔乐之所在。

生活的美感往往也隐藏在细节里。船篷上的席子根据不同的用途和位置，使用三种不同的编织方法制成。这种篷席组合隐含着渔夫对水上生涯的独到理解和丰富经验。其间也散发出一种独特

明 丁玉川 《渔乐图》 台北故宫博物院藏

的美感，朴实低调又自显高级。船篷下，那个一腿三牙的小方桌更显雅致品味。

此外，船篷上随意搭放的粗犷蓑衣、精致斗笠和带手轮的专业鱼竿也颇具劳作气息。渔家风采，物用之美，悠然自现。

每个季节都有它独特的魅力，秋天也可以不悲悲切切。

乐在顺时，乐在忘我，乐在其中。

清代的王士祯有一首《题秋江独钓图》，与此画意形神相通：

题秋江独钓图

〔清〕王士祯

一蓑一笠一扁舟，一丈丝纶一寸钩。

一曲高歌一樽酒，一人独钓一江秋。

白露时节，江清鱼肥，想要乐享鱼鲜，必须要有一套好装备啊。

▌当时之务 | 湖庭秋兴

《易经·大畜卦·象》曰："天在山中，大畜；君子以多识前言往行，以畜其德。"（大意：君子应该多记取学习前贤的言论、往圣的事迹，以积累和提高自己的品德修养。）

清代画家黄慎，是一位民间老画师，对生活的观察和感悟来得更加真实自然。

他的《湖亭秋兴图》，描绘了几位文士汇聚一堂、感怀秋天的情景。

秋兴，就是因感秋而寄兴。

图中秋湖明静，峰石耸立，古柏参天。郊原淡远。湖边水亭帘卷帷收，亭中一白须老者正在谆谆教诲一青年学子，旁边有童子托盘侍酒。大有"腹中书万卷，身外酒千杯"的情怀。另一中年高士在亭子临湖一侧凭栏观水，神情专注，面色怡然。岸上还有一童子正担着酒瓶走来。

在这个秋天的湖亭里，年轻学子在收获学识，暮年老者在传授晚辈，中年高士则在感受时光流淌，寒暑轮回。

每个人都沉浸于自己生命里程中不同的秋天。恐怕这就是秋兴感怀之所在。

李白有一首赠孟浩然的诗，写的也是白露时节登湖亭、感秋兴的情景。确可与此图诗画共赏：

《游溧阳北湖亭望瓦屋山怀古赠同旅／赠孟浩然》节选

〔唐〕李白

朝登北湖亭，遥望瓦屋山。

天清白露下，始觉秋风还。

游子托主人，仰观眉睫间。

目色送飞鸿，邈然不可攀。

白露时节，天候物象已有蓄养之意，年轻人也应多向长辈先生讨教人生的经验道理，积累学识，提升涵养。这就是"秋兴"的启示。

清　黄慎　《湖亭秋兴图》南京博物院藏

▌时节风物 | 白露凝，雁南宾，禽养羞

白露凝

　　白露节气后，早晚温差大，夜晚气温骤降。由于地面的花草、石头等物体散热比空气快，温度比空气更低，空气中的水汽便会凝结成小水珠依附在这些物体表面，这就是秋露的成因。

　　在中国传统文化中，四时配五行，秋属金，金为白。也正所谓金秋白露，玉露金风。

　　五行中的四时，不全是以植被颜色来区分。春天草木青，为青色，对应东方青龙。夏天赤日炎，为赤色，对应南方朱雀。秋天露水白，为白色，对应西方白虎。冬天天色黑，为黑色，对应北方玄武。

　　中国古代认为露水是生命之水，秋天白露时节的露水品质犹佳，堪称甘露。

　　自秦汉以来一直流传有甘露文化。民间也在白露节气有"收清露"的习俗。人们用收集来的秋露煮茶、酿酒。既是一时风雅，也寄寓了延年益寿的美好心愿。

　　唐代雍陶《秋露》云："白露暧秋色，月明清漏中。痕沾珠箔重，点落玉盘空。"

　　中国传统的水墨古画中有没有白露的踪迹呢？我们一起来探寻一番。

　　写实主义的大师，宋徽宗赵佶在《池塘秋晚图》中写实描绘了真正的秋露。荷叶中央的这一团露水，由三颗灵动的大露珠汇聚而成，周边还凝聚了一圈小露滴。看上去圆润饱满，晶莹剔透。

北宋 赵佶 《池塘秋晚图》局部 台北故宫博物院藏

清代的《万竿雨露图》，对雨露的点染表现得更为大胆夸张。画中枯枝上坠着点点淡青色的莹润雨露，虽用笔概略，点到为止，倒也写意大气，独具神韵。

元代王渊的《秋景鹌雀图》中，则另辟蹊径，用交叉线条一气呵成地勾勒出坠挂在竹叶尖的露珠。洒脱自然，垂悬欲滴。

正如画中题诗："翾翾轻风摇翠葆，团团清露滴金丛。"

1　清　王翚《万竿雨露图》局部 台北故宫博物院藏
2　元　王渊《秋景鹌雀图》局部 克利夫兰艺术博物馆藏

雁南宾

天气转冷，大雁南飞，北方的大雁暂时在南方中原地区歇脚，曰南宾。

芦雁小憩

宋徽宗赵佶的《柳鸦芦雁图》，由《柳鸦图》和《芦雁图》两幅拼接而成。其中左幅《芦雁图》描绘的就是大雁一家挤在一起，在秋日的水边小憩的情景。

它们有的扬起脖子啄食，有的低下头来喝水。有埋头大睡的，有两眼发呆的。

这四只大雁仿佛是从遥远的北方飞来，在此短暂休整停留，补充能量，恢复体力，之后可能又要启程南去。

秋日里，南归的大雁可不只这大雁四口之家，芦汀岸渚，处处可见归雁南宾。

北宋 赵佶《柳鸦芦雁图》局部 上海博物馆藏

客落中原

| 1 | 2 | 3 | 4 |

1 北宋 崔白《芦雁图》台北故宫博物院藏

2 北宋 黄居寀《芦雁图》台北故宫博物院藏

3 明 吕纪《芦汀来雁图轴》台北故宫博物院藏

4 明 惠洪《芦雁图》大英博物馆藏

至正戊戌九日感怀

〔元〕叶颙

悠悠江影雁南飞，黄菊飘香蝶满枝。

斜日西风彭泽酒，殊方异国杜陵诗。

烟峦惨澹山林暮，霜叶萧疏草木悲。

醉后不思时节异，半欹乌帽任风吹。

禽养羞

羞同"馐"，指食物。养羞就是储藏食物。

鸟对气候的变化最为敏感。秋天来了，鸟儿们在柳塘荷塘、苇渚芦洲聚集，寻找食物，储存起来，准备过冬。同时也要把自己养得筋强羽健，以抵御即将到来的严寒。

1 元 夏叔文《柳汀聚禽图》辽宁省博物馆藏
2 明 朱芾《芦洲聚雁图》台北故宫博物院藏
3 清 胡湄《柳塘集禽图》旅顺博物馆藏

秋分

农历八月中

公历
/
9月22日－24日

秋分，八月中。

分者，半也。此当九十日之半，故谓之分。

一候雷始收声；二候蛰虫坯户；三候水始涸。

——元 吴澄 《月令七十二候集解》

含义：秋分日，昼夜等长，此后白昼缩短，夜间增长，天气渐冷。阴气逐渐旺盛，所以不再打雷了。众多小虫穴藏起来，用细土封实孔洞以避免寒气侵入。降雨减少，水气干涸，河川流量变小。

第十六章　下观而化

秋分节气，地球绕太阳运行至黄道十二宫的西位左右，其节气特征基本与《易经》中的观卦、贲卦等所反映的变化规律相吻合。

秋分，是二十四节气之第十六个节气，秋季的第四个节气。

最初的"祭月节"定在"秋分"这天，不过由于这天不一定都有圆月，后来就将"祭月节"调至农历八月十五日，也就是现在的中秋节。

宋代诗人吴芾有一首《和孟世功秋日吴江见寄》，写出了古代读书人在秋分时节的纠结：

扁舟西去气凌云，坐看鱼龙跃浪纹。

风起白苹初日晚，霜雕红叶欲秋分。

忘机鸥鹭情相狎，入笔江山句不群。

正恐功名来追逐，烟波深处未留君。

八月秋分江山美如画，八月秋闱科举取功名。

江湖之远与庙堂之高，就如鱼和熊掌，总是难以兼得。

应时之征 | **秋柳双鸦**

《易经·观卦·彖》曰："大观在上，顺而巽，中正以观天下。观，盥而不荐，有孚颙若，下观而化也。"（大意：宏大壮观的气象总是呈现在崇高之处，具备温顺和巽的美德，秉承中正的立场就可以让天下人观仰。"观"的卦辞说，只看香酒洗地的迎神礼，而不用看接下来的献馔礼，就可以让人产生信服敬仰之情。天下因信仰天道，顺从善德而教化。）

什么样的画作最能表现秋分的特点呢？我们来看一看梁楷的《秋柳双鸦图》。

此画最大的特点就是不走寻常路的布局构图。

一棵粗柳高扬细枝，又窈窕垂下，把画面等分为左右两个部分。

左右两侧一高一低，各有一只乌鸦。右边高处的乌鸦正在滑翔降落，左边低处的乌鸦正振翅高飞。

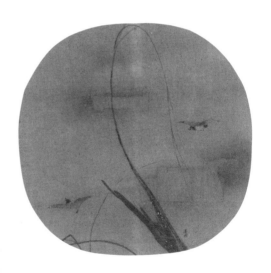

南宋 梁楷《秋柳双鸦图》故宫博物院藏

仔细端详此画，就会发现它的独特构图很像太极图的布局，其中也蕴含着阴阳转化，寒暑轮回之意。

乌鸦对气候变化非常敏感，画家用淡墨晕染出雾霭迷蒙的氛围，两只乌鸦的一升一降，仿佛代表了春去秋来，秋分时节寒升暑降的季节变化。

元 盛昌年 《柳燕图》 故宫博物院藏

此画虽小但很不简单。通过极简的笔法既描绘了秋天的萧瑟清冷的月夜景象，也蕴含着天地运行的气韵理法，非常值得玩味。

用这幅《秋柳双鸦图》和前文春分时节的《柳燕图》相比较，大家就可以发现异曲同工的奥妙。

下观而化，天道的内涵隐藏在天候和物象里，细心洞察，就可以发现那种由上而下的化育轨迹，不由得令人仰观信从。

▌ 顺时之人 ｜ **秋窗读易**

《易经·观卦·象》曰："风行地上，观；先王以省方，观民设教。"（先王以省方，观民设教：先代的君王能够巡视四方山川，观察民风民情，设立教育以感化民众。）

南宋画家刘松年有一幅《秋窗读易图》。红叶秋窗，文人书案，我们都看到了。但是从哪里看出在读《易经》呢？

其实，画中的读书人并没有在读书，他坐在书斋中，临窗远眺。

他在看什么呢？

青松知日月，红叶见春秋。长河滚滚去，苍山悠悠延。寒来暑往，四季轮回，水动山静，天道造化。

中国传统文化往往源自先哲先贤们的经验和观点，不是用逻辑推理层层推演出来的结论体系。信或者不信，都不来源于再次的逻辑推导。人们对它的验证来自对人生和世界一生的践行和感悟，并以此代代相传，开枝散叶。

所以古代的读书人也不是死读书。也要参悟天地，道法自然。

　　"易"来自对自然变化的观察，是"省方观民"的心得体会。所以，多变而可观的秋天可能是读《易经》的最好时节。

南宋　刘松年　《秋窗读易图》　辽宁省博物馆藏

当时之务 | **山庄秋稔**

《易经·贲卦·象》曰："山下有火，贲；君子以明庶政，无敢折狱。"（明庶政，无敢折狱：明察日常事理和政务，不敢擅作主张，盲目主观断狱。）

　　清代画家袁耀的《山庄秋稔图》，描绘山庄秋收季节的景象。

稔，就是庄稼成熟。

一个秋天的小山村，几处村舍，散布山间。谷场上农民们赶着牛拉着碾子，正在为收获的谷物脱粒。小溪边，两位农夫赤膊上阵，在用水碓舂米或者榨油，忙得不亦乐乎。

农舍的庭院中有人在喂鸡，有人在担水。一位女子一边照顾孩子，一边在用纺车纺线。充满着浓郁的秋日乡村生活气息。

此图颇具写实主义风格，十分有助于今人了解古代乡村的秋收活动。也非常容易让人联想起唐代孟浩然的那首《过故人庄》。

过故人庄

〔唐〕孟浩然

故人具鸡黍，邀我至田家。

绿树村边合，青山郭外斜。

开轩面场圃，把酒话桑麻。

待到重阳日，还来就菊花。

远处的山间小路上有官员模样的人坐着滑竿而行，应该是田畯农官下乡巡视秋收工作。老天能赐丰收，乡官要明庶政。

清 袁耀 《山庄秋稔图》 故宫博物院藏

▌时节风物｜**水始涸，观潮起，中秋月，秋读书**

水始涸

清代王士祯有一首《江上》。

江上

〔清〕王士祯

吴头楚尾路如何？烟雨秋深暗自波。

晚趁寒潮渡江去，满林黄叶雁声多。

诗言秋来水退，行旅不便，渡江都要夜趁寒潮。

但是，此时此刻却是群雁欢聚的时节。

古画中沙汀秋禽题材的画作不少。

这幅南宋的《寒塘群雁图》中就是秋江枯寒、水落沙出的典型时令景象。

塘岸水落，雁聚沙汀。

虽是然岸草已枯衰凋零，但是大雁却因食物丰沛，丰腴悠然。

另一幅南宋的《芦汀白鹭图》也是相同主题的作品。

只不过画中的主角改成了白鹭。

江水退去，沙洲岸渚上少不了小鱼小虾，河蚌田螺。这些都是水鸟的美食。

果然，三只白鹭正在其间悠闲地享受这大自然的馈赠。引得第四只白鹭也从天而落。

四只白鹭一举足欲啄、一独立静息，一临空飞降、一仰首接引。

此情此景，颇得秋天的意趣。

天道时令，此消彼长，万物相从。

《舟中和叶圣予三首》节选

〔宋〕王柏

江阔风帆急，潮回沙露痕。寒林无剩叶，茅舍各成村。

雁落烟波渺，鸦归野色昏。未知孤客棹，今夜泊谁门。

南宋 佚名《寒塘群雁图》台北故宫博物院藏　南宋 佚名《芦汀白鹭图》台北故宫博物院藏

观潮起

受月亮引力和水量丰枯的影响，大江大河入海口往往都会有壮观的海水回灌的潮汐现象。观潮的最佳时间是每年的中秋前后。

可能是为钱塘潮的壮观景象所震撼，宋代文人仲秋观潮的风尚愈发盛行。

这幅传为南宋画家马远所作的《松阁观潮图》，即绘宋代文人登阁观潮的典型场景。

古代的画家们不约而同地创作了大量的观潮主题画作。这是什么原因呢？其实观潮和观瀑是相近主题的画题。古代文人春夏之季方便观瀑的就去观瀑，仲秋时分方便观潮的就去观潮。目的和意境都是相似的。

他们的人生往往饱受风雨，历经坎坷。在苦读和宦游之余，登高台临高阁看大江大河潮起潮落，文人们可以从江河湖海的雄浑壮美中汲取力量，开阔心胸，涤荡郁结在心中的愤懑和阴霾。这也算得上是一种自我解压。

以自然之伟大，仍有起起伏伏，涨涨落落。何况人之渺小若此，更不免在尘世间的高高低低，顺顺逆逆。禁得起人生的潮起潮落，才能平复得了人生的风云变幻。

把文人观潮上升到哲理高度的是苏轼，他有一首著名的诗作《观潮》。

庐山烟雨浙江潮，未至千般恨不消。

到得还来别无事，庐山烟雨浙江潮。

这看似绕口令的诗句却蕴含着人们认知事物的一个基本规律。庐山的烟雨和浙江（钱塘江）的潮水久负盛名，令人无限想象。自己若未曾见过，心中便一直有千般遗憾。有朝一日看过了，也就觉得没什么特别新奇。但是过后才会明白，庐山的烟雨和浙江的潮水的美与生俱来，一直都自美其美，不以谁的想象、期待和失望为转移。

这个过程与"看山是山，看山不是山，看山还是山"的三重认知境界是类似的。

南宋 马远（传）《松阁观潮图》弗利尔美术馆藏

1 北宋 许道宁（传）《高秋观潮图》波士顿艺术博物馆藏

2 南宋 佚名《宋人山水》台北故宫博物院藏

3 南宋 李嵩《月夜看潮图》台北故宫博物院藏

4 明 石锐《水榭观潮图》台北故宫博物院藏

$\frac{1}{3} \Big| \frac{2}{4}$

和子瞻濠州七绝浮山洞

〔宋〕苏辙

洞府元依水面开，秋潮每到洞门回。

幽人燕坐门前石，长看长淮船去来。

中秋月

秋分时节，中秋月圆。

中秋节起源于上古时代的祭月活动，普及于汉代，定型于唐代。

最初"祭月节"定于"秋分"这天。因盼月圆,北宋时期,正式定阴历八月十五为"中秋节"。中秋节与春节、清明节、端午节并称为中国四大传统节日。

南宋马远的《月下把杯图》描绘的是老友相聚,恰逢中秋佳节,月下把酒言欢叙旧的场景。看似简单的画面,却把人情天意表现得含蓄优雅。

一轮金黄的明月高悬空中。画面中间两人举杯叙话,情谊深长,两旁童子持美酒佳肴侍候。

古画中的栏杆往往表现着隔绝的界限。在这里,冲断在相聚场景里的两段栏杆则表现着两人难得的相逢。画面左侧两只相交而拥的翠竹也同样强化着相聚的氛围。

右下角的案桌上摆放着敬月的水果吃食等贡品。一旁还有酒瓮、酒瓶和酒坛。看来是敬月自敬两相宜。

画面右上角,即画中情景的西南方向有南宋宁宗杨皇后题跋:"相逢幸遇佳时节,月下花前且把杯。"并附"坤"卦小印。

"坤"属阴,有柔顺伸展之意,代表女性、大地,也代表着月亮。八卦中的

南宋 马远《月下把杯图》天津博物馆藏

坤卦方位在西南，有"西南得朋"的爻辞，意指在西南方向会得到更多的利益和朋友。

苏轼有诗曰："我本放浪人，家寄西南坤。"看来杨皇后的坤印盖得大有学问。

"坤"主静，画面也充满了一种祥和静谧的氛围。但是静中有动，从台坡下走上来一个童子刚刚露出上半身，怀里抱着一只阮琴。预示着下一幕"月下拨阮"即将开始。

同样似静似动的，还有那一轮金黄的月亮。远看似圆圆的月亮，近观又不太规则，充满动感。

人间万事总是在不圆满中追求圆满。真正的圆满只存在于内心，而不在于外物。

1 南宋 马远《月夜拨阮轴》台北故宫博物院藏

1 | 2 | 3　　2 南宋 马远（传）《松间吟月图》台北故宫博物院藏

3 南宋 马远（传）《对月图》台北故宫博物院藏

《水调歌头·明月几时有》节选

〔宋〕苏轼

人有悲欢离合，月有阴晴圆缺，此事古难全。

但愿人长久，千里共婵娟。

秋读书

杜甫有一首《柏学士茅屋》诗，抒发鼓励学子秋读、勤勉奋发的情怀。

柏学士茅屋

〔唐〕杜甫

碧山学士焚银鱼，白马却走深岩居。

古人已用三冬足，年少今开万卷余。

晴云满户团倾盖，秋水浮阶溜决渠。

富贵必从勤苦得，男儿须读五车书。

文人秋读是中国古画的传统定式主题。明代画家赵左的《秋林书屋图》是一幅典型的秋读题材的画作。

秋林茅屋，柴门竹篱，苇丛萧疏，江天清旷。一文士独坐草堂，静心思读。

古人把秋天视作读书的好天气，不仅是因为秋高气爽带来的心平气和，可以使人专心致志地学习。同时，身心也随天时肃杀、秋意萧索进入内敛涵养的阶段，读书也是适宜天时的自我调节。

或许，秋天更让人感到自己一年的光阴就要过去，再不努力恐怕又要虚度一岁。秋天是收获的季节，秋天读好几本书，无异于将先贤们的智慧学识收获入仓，也是不负年华。

明 赵左《秋林书屋图》台北故宫博物院藏

古人秋读的传统也和科举制度的时间有关。古人认为秋天是教化的季节，唐宋时州府的"乡贡""解试"考试，明清时期的乡试，时间都定在农历八月。大考将近，文人举子们不免得加倍苦读。

1 元 王蒙《西郊草堂图》故宫博物院藏

2 元 王蒙《秋山草堂图》台北故宫博物院藏

3 明 戴进《溪堂诗意图》辽宁省博物馆藏

4 清 王翚《嵩山草堂图》美国克利夫兰艺术博物馆藏

```
1 | 2
3 | 4
```

寒露，九月节。

露气寒冷，将凝结也。

一候鸿雁来宾；二候雀入大水为蛤；三候菊有黄华。

——元 吴澄 《月令七十二候集解》

含义：阴气渐盛，秋凉而成白露，秋冷而成寒露。天寒地冷，鸿雁大举南迁。雀鸟也飞藏起来，而此时正是海边蛤蜊大量繁殖的时候，它们贝壳的形状和上面的花纹很像张开翅膀的雀鸟羽毛，好像是雀鸟的化身。百花凋敝，而黄色的菊花在秋日正热烈绽放。

公历
/
10 月 7 日 - 9 日

第十七章　明入地中

寒露节气，地球绕太阳运行至黄道十二宫的酉和戌之间，其节气特征基本与《易经》中的明夷卦、困卦和归妹卦等所反映的变化规律相吻合。

寒露，是二十四节气之第十七个节气，秋季的第五个节气。

时至寒露，征人思家，月映归程。

唐人王建的《十五夜望月寄杜郎中》一诗正切此情。

十五夜望月寄杜郎中

〔唐〕王建

中庭地白树栖鸦，冷露无声湿桂花。

今夜月明人尽望，不知秋思落谁家。

▌应时之征 | 平沙落雁

《易经·明夷卦·象》曰："明入地中，'明夷'。内文明而外柔顺，以蒙大难，文王以之。'利艰贞'，晦其明也。内难而能正其志，箕子以之。"（明入地中：明阳进入地下阴幽之处，指阳藏阴生之意。）

　　白露时节，大雁短停中原地区休整，寒露时继续南飞，到了江南地区。

　　延续千年的萧湘八景定式中的"平沙落雁"即是此景。

　　平沙落雁，描绘的是雁群降落在岸渚沙洲栖息休养的秋季景致，表现的是寒露时节明入地中，江南地区水退沙出，天寒雁来的典型自然现象。

　　正如宋人杨冠卿《题张安国舍人平沙落雁图》诗云：

题张安国舍人平沙落雁图

〔宋〕杨冠卿

渚云低压云山暮，烟素横空落日斜。

秋老江乡稻粱熟，一行征雁下平沙。

　　平沙落雁在历史上也是诗书画曲均有佳作的重要文化主题，包含着四时有令、万物顺应的思想。

明 盛茂烨《平沙落雁图页·潇湘八景图册》弗利尔美术馆藏

▌顺时之人｜**东篱采菊**

《易经·困卦·象》曰："泽无水，困；君子以致命遂志。"（致命遂志：用一生去实现志向。）

寒露菊黄。陶渊明的名句"采菊东篱下，悠然见南山"。画面感很强又意境悠远，表现这一题材的古画很多，清代画家石涛就有两幅画作堪称上品。

其中，《陶渊明诗意图》画陶公正面，另一幅《采菊图》画渊明背影，均笔法朴拙，墨色淡雅，构思巧妙，意境悠远。两画都不太纠缠东篱南山之表象，不拘泥赏菊观色之小雅，亦不突出人物的高逸形象。正身背影都只绘半身，与周边环境融为一体，或在菊中，或在山中，不细观难觅其踪。此种情境深得陶公真意，与诗之言意形神俱合。

正所谓"此中有真意，欲辨已忘言"。

此中的真意就是与菊相融，与山相合，将自己真正融入自然，与天地同频共振，达到无我而忘言的境界。

归隐山林，重返自然是陶渊明的人生理想。为此，他抛下一切世俗的牵绊，真正践行了"致命遂志"的理念。

在那个菊花盛开的秋天，去我命而顺天命。石涛的这两幅画作应是完全领会并艺术呈现出了这样的境界，留给观者无限想象。

清 石涛 《陶渊明诗意图·悠然见南山》 故宫博物院藏

清 石涛 《采菊图》 故宫博物院藏

■ 当时之务 | **山溪待渡**

《易经·归妹卦·象》曰："泽上有雷，归妹；君子以永终知敝。"（永终知敝：
知弊而治，克服困难，方能长久地实现目的。）

　　因社会动荡和人口不均、分工相异等原因，自唐末五代以来，社会中的佃户、
工匠、商人，甚至文人等阶层离乡异地谋生的现象越来越普遍。他们春天离家谋
生，秋天携获而回，最终形成了社会性、季节性的人口迁徙流动。

　　深秋时节，他们归心切切，一路跋山涉水，历尽艰辛。历代文人墨客耳濡目
染，感同身受，也创作了大量秋归秋涉题材的诗文和画作。

　　明人郑若庸《秋涉》一诗，就饱含深情地描绘了这一情景。

秋涉

〔明〕郑若庸

苍山崔巍照秋渚，红树离离夕阳渡。

行人涉水更看山，马足凌兢来复去。

云际人家望欲迷，松关萝径隔烟扉。

山僧卧稳西岩寺，时有钟声落翠微。

　　五代后梁画家关仝的《山溪待渡图》，则更直观地再现了"秋涉"的典型场景。

　　画中山峰高大雄伟巍峨壮观，山间瀑布势高水急飞流直下。一位赶驴归乡的
旅人孤独地站在野渡边等待渡河。在气势磅礴的大自然的衬托下，他显得十分渺
小。旅人右侧古道边一块嶙峋突兀的巨石悬空探出，显示出了一种无形的强烈压
迫感，更加突出了旅途的艰险。

　　画面一水两岸。旅人一侧身后的背景是豪华高大的宫殿楼阁，而对岸山谷间
隐现的却是几间茅屋草堂。暗示了旅人是从繁华都市回归山野家乡。

　　"山溪水深湍流急，野渡无人舟自横。"通往未知的前路总是充满艰辛坎坷，
迷茫难测。孤独的旅人不知道还要伫立多久才能等到对岸摆渡的船夫出现。

　　"君子以永终知敝"，归乡之旅虽然艰辛，但是归乡团圆的意志牢不可变。

五代后梁 关仝《山溪待渡图》台北故宫博物院藏

旅人跋山涉水，与久别的家人重逢，一起分享收获的喜悦，在接下来的严冬中共同守望新一年的到来。

▌ 时节风物 | **菊花黄，雁南飞，人秋涉**

菊花黄

古人寒露赏菊，实际是在赏什么？

主要应该是赏一种不畏秋寒的生命精神。

清代女画家李因的《菊石鸣禽图》就表现出了对生命精神的深刻理解。

图中一丛菊花高高挺立，迎风绽放。山石为镇，暗示生命的力量与厚重。中有一枯枝荆条细细拔出，更衬出菊花的顽强不屈。

荆条之上又立有一山雀风中凌乱，回喙整羽。也不禁让人更加赞叹，唯有秋菊可以笑傲秋风。

画作截取高坡一角，采取不稳定的倾斜构图，再配以斜石、荆枝、山雀强化动感，突显环境的野逸，反衬菊花强大的生命力。实为直击主题的赏菊佳作。

看完此画再赏菊图，便不易得形忘意失其魂。

清 李因 《菊石鸣禽图》 旅顺博物馆藏

1 元 佚名《老圃秋容图》台北故宫博物院藏
2 明 陆遂《菊花枫叶图》南京博物院藏

菊花

〔唐〕元稹

秋丛绕舍似陶家，遍绕篱边日渐斜。

不是花中偏爱菊，此花开尽更无花。

雁南飞

在中国传统文化中，大雁是颇具文化表征的审美对象。人们在大雁身上发现了优秀的品质，寄寓了美好的愿望。所以大雁为历朝历代画家所钟爱，古画中流传下许多大雁题材的画作。

大雁是一种行为非常有规律的候鸟。以中原地区为例，春天它们按时从南方飞来北去，秋天它们按时向从北方飞来南归。古人认为大雁这种成群结伴如约而来、按时而去的行为是一种忠实守信的体现，谓曰："雁之信"。

信用是一个社会运行的基本原则，古代画家通过对雁群雁阵坚持不懈的描绘，表达了他们对"雁之信"的真诚认可和热情颂扬。

此外，古画中也常见一群大雁落地聚在一起，翘首等待一只孤雁飞来的场景。这是因为雁群当中总有一些老弱病残之属，而其余壮年的大雁绝不会弃之不顾，会与其生死相伴，为其养老送终。

明 林良 《芦雁图》 贵城艺术博物馆藏

古人通过表现大雁这种不抛弃不放弃的审美定式，来彰显"雁有仁心"。以"雁之仁"来引导世人敬畏自省。

大雁以守信律己，以仁心对人。难怪古人对其笔绘不辍，推崇备至。

今日观之，也仍有很强的现实意义。

<table>
<tr><td rowspan="4">1 | 2
3 | 4</td><td>1 南宋 林雪《芦雁图》 藏地不详</td></tr>
<tr><td>2 南宋 佚名《寒塘群雁图》 台北故宫博物院藏</td></tr>
<tr><td>3 明 佚名《寒林归雁图》 弗利尔美术馆藏</td></tr>
<tr><td>4 明 刘炤《芦雁图轴》 台北故宫博物院藏</td></tr>
</table>

九日齐山登高

〔唐〕杜牧

江涵秋影雁初飞，与客携壶上翠微。

尘世难逢开口笑，菊花须插满头归。

但将酩酊酬佳节，不用登临恨落晖。

古往今来只如此，牛山何必独沾衣。

入秋涉

与早春的辞家春行相对应，到了晚秋，奔波在外的人们要准备返乡回家了。
虽然归心似箭，但是在古代，秋涉是充满艰辛的旅程。

1 五代南唐 巨然 《湖山春晓图》 大都会艺术博物馆藏
2 清 管希宁 《秋山晓发图》 克利夫兰艺术博物馆藏

从这幅传为五代南唐赵幹所作的《烟霭秋涉图》中，我们可以看到古人是如
何利用自己的智慧和经验，组织有序地渡过一条秋水的。

画面最右侧，队伍中一位经验最丰富的成员已率先过了河。他用绳子牵引着，
帮助后面一位地位高的老者过河。老者手提衣脚，比较文雅地走在水中，即将安
然登岸。他后面是一位壮劳力，手拄木杖，肩挑行李，沿着前两位趟出的安全路
线稳步过河。

第四位要过河的是一个梳着双发髻的年轻人，他应该是队伍中最年幼者，正
蹲在岸边，一边脱鞋一边抬头观察前面过河的人，好像信心十足的样子。

断后压阵的，应该是队伍中经验丰富的二号人物。他正从身后勒紧裤腰带，
做过河的准备。这种系腰带的姿势又帅气又霸气，是古代画家们常用的一个审美
定势。

这次秋涉行动组织得当，安排合理。看来这是一只行旅经验非常丰富的团队。他们的人生中想来已经来来往往渡过许多条这样的河流了。

秋涉是一条归乡之路，也是一条团圆之路。

春发秋归，从五代走来，直到宋元明清，跋山涉水，无可阻挡，周而复始，千年不绝。

历代画家们感悟四时之变，体怀人生之艰，不断描绘秋涉归乡这一主题，也形成了千年不朽的秋江待渡画题。

赵幹创作的《烟霭秋涉图》，传神勾勒了旅人秋涉之场景，人物塑造十分经典。后人追慕，多有仿绘，也逐渐形成了一个比较固定的审美范式。

五代南唐 赵幹（传）《烟霭秋涉图》台北故宫博物院藏（细节图见下）

五代南唐 赵幹（传）《烟霭秋涉图》局部 台北故宫博物院藏

1 五代南唐 赵幹（后仿）《烟霭秋涉图》台北故宫博物院藏

$\dfrac{1\,|\,2}{3\,|\,4}$ 2 北宋 范宽（仿）《秋涉图页》藏地不详

3 南宋 马远（传）《烟霭秋涉图》大英博物馆藏

4 明 佚名《涉溪图页》弗利尔美术馆藏

送友人东归

〔唐〕张乔

远涉期秋卷，将行不废吟。故乡芳草路，来往别离心。

挂席春风尽，开斋夏景深。子规谁共听，江月上清岑。

霜降，九月中。

气肃而凝露结为霜矣。

一候豺祭兽；二候草木黄落；三候蛰虫咸俯。

——元 吴澄《月令七十二候集解》

含义：晚秋已至，萧瑟肃杀。豺类动物开始捕猎过冬，它们把捕到野兽像祭拜一样陈列出来。草木枯黄，叶片掉落。蛰伏的小虫不食不动，垂着头进入冬眠。

第十八章　剥床以足

霜降节气，地球绕太阳运行至黄道十二宫的戌位左右，其气候特征基本与《易经》中的剥卦、无妄卦等所反映的变化规律相吻合。

　　霜降，是二十四节气之第十八个节气，秋季的第六个节气。这是气温结霜而降的意思。霜降，秋节之末。古人谓之"万物毕成，阴气始凝"，百草终于凋零，林木渐趋枯槁。唐人颜粲一首《白露为霜》，道出了霜降时节的气韵。

白露为霜

〔唐〕颜粲

悲秋将岁晚，繁露已成霜。

遍渚芦先白，沾篱菊自黄。

应钟鸣远寺，拥雁度三湘。

气逼襦衣薄，寒侵宵梦长。

满庭添月色，拂水敛荷香。

独念蓬门下，穷年在一方。

▍ 应时之征 | **疏荷沙鸟**

《易经·剥卦·象》曰："剥床以足，以灭下也。"（大意：阴湿的寒气首先剥蚀床足。万事万物的衰变都是从下层根基开始的。）

秋天的煞气，始于大自然中的食物链。

宋代的《疏荷沙鸟图》，描绘了一场自然界中的秋日杀伐。

荷塘的一角，残荷凋敝。一枝枯萎的莲蓬横斜出水面，一颗颗莲子散布其间。

一只细腰蜂可能感觉到莲蓬成熟了，飞过来查看。没想到一羽轻灵的鹡鸰（沙鸟）已经悄然落在莲梗上。它纤细的爪子斜抓莲梗，暗中蓄力。回首紧盯着上方的小蜂，细直的尾巴微微翘起，保持平衡。准备时刻腾起对猎物进行致命一击。

莲蓬、小蜂、鹡鸰，虽然各自倾斜，但都保持着自身的平衡。莲蓬斜出水面，小蜂查看莲蓬，鹡鸰盯住小蜂。三者之间也形成了一个稳定的三角形，潜移默化地形成了一个更大的平衡关系。

这种在动态中形成的平衡，既是艺术的审美构图平衡，也是大自然的生态链平衡。

大自然好像把许多道理都藏在了秋天里。霜降时节，叶衰果熟，果熟虫来，虫来禽至。剥床以足，一切的连锁反应都是始于一枝荷叶的枯萎。

宋 佚名 《疏荷沙鸟图》 故宫博物院藏

顺时之人 | 骑士猎归

《易经·无妄卦·象》曰："天下雷行，物与无妄；先王以茂对时，育万物。"（大意：天雷滚滚，天威强健，如果能够遵循天道规律，不妄为，就能避免灾祸，顺利运行。先王总是利用当下强盛一方的力量来应对时势，顺应时令才能育化万物。）

秋天是收获的季节，秋天也是狩猎的季节，对于动物，对于人都一样。

这幅南宋的《骑士猎归图》，就详细地描绘了一位打猎归来的辽代契丹骑士。

他的战马马鞍后面驮着一只捕获的羚羊。骑士应该刚刚经过了一番激烈的长途追击，战马垂尾低首，神态疲惫不堪。它噘嘴瞪眼，似有怨气——大哥，你今天箭射的有点儿不太准啊！

这应是一只强壮的羚羊，才会让捕猎行动变得如此艰难。是不是箭出了问题？骑士可能心虚想"甩锅"，他回避了战马幽怨的眼神，故作镇定地拿起一支箭来校验。

画外到底发生了什么故事我们无从知晓了。不过从画作精心描绘的装束看，这位契丹武士的等级不低。

他的马鞍非常精美，配虎皮障泥，披挂的是更贴合软底皮靴的弧形马镫。

他头戴三点式帽带固定的皮帽，身着左衽窄袖裘皮袍，足蹬尖头软底靴。腰围捍腰，外系革带。这种革带叫"蹀躞带"，用于系挂行军打仗时的各种必备用品。

辽代沿承了唐朝的蹀躞规制。从装束级别上看，画中人物可能是辽代五品以上的武官。他处在全副武装的战时状态，斜插腰间的两支羽箭还未及拔下。

南宋 佚名《骑士猎归图》故宫博物院藏

草原的秋天，正是羚羊最肥

壮的时节。优秀的骑士猎人就要抓住时机在这个时候猎捕羚羊。客观上还能控制羚羊的数量，确保来年的草原依然茂盛，仍能哺育足够多的牛羊。所以，此画可以理解为是对"先王以茂对时，育万物"的生动体现。

▌当时之务 | **深秋赏菊**

《易经·剥卦·彖》曰："君子尚消息盈虚，天行也。"（大意：君子深谙消亡与生长、盈满与虚空的互转法则，因为这是天道运行的规律。）

　　古人有秋天赏菊的传统，霜降之后再赏菊，会更生霜重色愈浓的慨叹。

　　明代沈周的《盆菊幽赏图》中，一水边高台上，秋柳飘摇，红枫矗立。林木掩映着一个精雅草亭。亭中有三人凭桌对饮，一童子持壶侍立。亭子两侧摆放着成排的盆栽菊花，盆中各色菊花竞相绽放。一派惬意的秋日赏菊景象。

　　沈周画中自跋：

> 盆菊几时开，须凭造化催。调元人在座，对景酒盈杯。
> 渗水劳僮灌，含英遣客猜。西风肃霜信，先觉有香来。

　　赏菊是赏心悦目，饮酒则是调理元气。顺应天时的人，就是要把握气候的变化，在严冬到来之前，调理阴阳之气，固本培元。践行的就是"君子尚消息盈虚"的道理。

明 沈周 《盆菊幽赏图》 辽宁省博物馆藏

▌时节风物 | 木叶枯，禽捕虫，猎人行

木叶枯

叶落知秋。生命隐遁，皮壳剥落。枯叶有态，凋零亦美。

飘零自伤感，叶落总悲秋。唐人薛能有诗《一叶落》，达天意而尽人情。

一叶落

〔唐〕薛能

轻叶独悠悠，天高片影流。

随风来此地，何树落先秋。

变色黄应近，辞林绿尚稠。

无双浮水面，孤绝落关头。

乍减诚难觉，将凋势未休。

客心空自比，谁肯问新愁。

1	2	3

1 五代 佚名 《丹枫呦鹿图》 台北故宫博物院藏

2 元 盛懋 《秋林高士图》 台北故宫博物院藏

3 元 佚名 《仿崔白丹枫鸟鹊图》 弗利尔美术馆藏

禽捕虫

这幅南宋《山禽觅食图》中，一只黑色的昆虫把枯萎中的宽大树叶啃食出了无数小洞。而它不知道的是，身后树枝上一只小山雀已经牢牢盯住了它，接下来它也将成为山雀口中的美食。

这幅同为宋画的《榴枝黄鸟图》中，一只被甜美石榴吸引的小虫，最终成了别人的盘中餐。这只疾厉的黄鹂顺利完成了自己的捕食击杀，这还是那只春鸣翠柳的诗意小黄鹂么？

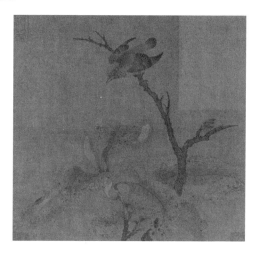

南宋 林椿（传）《山禽觅食图》圣路易斯艺术博物馆藏

南宋 佚名《榴枝黄鸟图》故宫博物院藏

1 唐 边鸾《秋实山禽图》台北故宫博物院藏

2 南宋 佚名《枯树鹦鸲图》故宫博物院藏

3 南宋 林椿《果熟来禽图》故宫博物院藏

4 明 佚名《花鸟图》大英博物馆藏

1 | 2
3 | 4

孤山寺端上人房写望

〔宋〕林逋

底处凭阑思眇然，孤山塔后阁西偏。

阴沉画轴林间寺，零落棋枰葑上田。

秋景有时飞独鸟，夕阳无事起寒烟。

迟留更爱吾庐近，只待重来看雪天。

猎人行

唐人徐寅《霜》诗感慨："应节谁穷造化端，菊黄豺祭问应难。"天道运行，万物顺应，无人可以穷尽造化的奥妙。

霜降深秋，古人也进入了捕猎的季节。《诗经·豳风·七月》中讲述了春秋时期人们深秋初冬打猎的情景："一之日于貉，取彼狐狸，为公子裘。二之日其同，载缵武功，言私其豵，献豣于公。"

人们上山猎取貉之类的动物，如果猎取到皮毛好的狐狸，就送给王公做皮袄。然后猎人会合，继续操练打猎的武功技能。约定打到小野猪归自己，猎到大野猪献王公。

这幅南宋画家陈居中的《秋原猎骑图》，描绘的是胡人出猎的景象。秋野荒郊，首领带队居中，远方三骑飞驰驱兽，近处两骑架鹰待击，另有一人协调传令。分工协作，组织有序，游牧民族长于骑猎，此图可见一斑。

其实这种彪悍而专业的狩猎活动并不为胡人所独有。北宋苏轼的《江城子·密州出猎》，描绘了相似的出猎场景，雄浑气势有过之而无不及。

> 老夫聊发少年狂，左牵黄，右擎苍，
> 锦帽貂裘，千骑卷平冈。
> 为报倾城随太守，亲射虎，看孙郎。
> 酒酣胸胆尚开张，鬓微霜，又何妨！
> 持节云中，何日遣冯唐？
> 会挽雕弓如满月，西北望，射天狼。

南宋 马和之《豳风七月图》弗利尔博物馆藏

南宋 陈居中 《秋原猎骑图》 台北故宫博物院藏

　　这种阵仗，不仅是打猎了，更是志在平蕃。不过在古代，行猎备战，猎战一体，是一以贯之的传统。

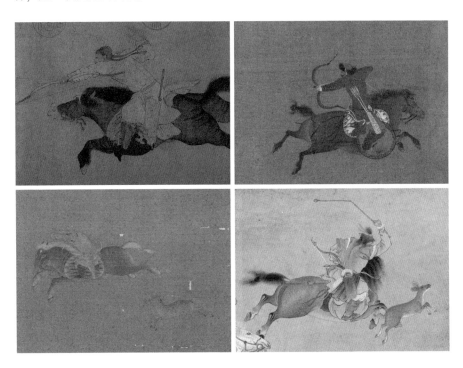

$\frac{1 | 2}{3 | 4}$

1 五代后唐 佚名 《摹李赞华获鹿图》 大都会艺术博物馆藏

2 南宋 陈居中 《平原射鹿图》 台北故宫博物院藏

3 元 佚名 《寒原猎骑图》 台北故宫博物院藏

4 明 仇英 《秋猎图卷》 台北故宫博物院藏

立冬

农历十月初

公历
/
11月7日－8日

立冬，十月节。

立，建始也。冬，终也，万物收藏也。

一候水始冰；二候地始冻；三候雉入大水为蜃。

——元 吴澄 《月令七十二候集解》

含义：冬，"终"之意，到了一年的尾声。冬日初现，水泽开始薄薄结冰；天寒地冻，土壤开始变硬。野鸡一类的大鸟不多见了，海边的大蛤则开始大量繁殖。

第十九章　时止则止

立冬节气，地球绕太阳运行至黄道十二宫的戌和亥之间，其节气特征基本与《易经》中的艮卦和既济卦等所反映的变化规律相吻合。

立冬，是二十四节气的第十九个节气，冬季的第一个节气。

人在大自然中免不了感物伤怀。在萧瑟的秋天，人们普遍悲秋。但是更寒冷的冬天来了，草木凋零殆尽，人们又怀念起金色的秋天。

正如宋人钱时在秋季最后一天对金菊凌霜绽放的赞美：

立冬前一日霜对菊有感

〔宋〕钱时

昨夜清霜冷絮裯，纷纷红叶满阶头。

园林尽扫西风去，惟有黄花不负秋。

■ 应时之征 | 雪霁冰结

《易经·艮卦·象》曰："艮，止也。
时止则止，时行则行，动静不失其时，
其道光明。"（大意：时势需要停止的
时候就要停止，时势需要行进的时候就
要行进，动和静都不失时机，君子之道
就会有光明的成果。）

古画中表现雪的画作很多，表现冰
的却很少。明代画家蓝瑛的《溪山雪霁图》
算是难得的一幅。

《礼记·月令》中讲，十月"水始冰"。
但在现实中，冬天最早的冰不一定是由
河水、江水结成。蓝瑛的这幅作品中就
隐藏着答案。

初冬的一场雪来得突然，枫树上的
红叶还未被西风吹尽，雪就悄然而至，
但是仿佛一夜之间又悄然消融殆尽，仅
在枯枝红叶之间留下踪迹。

苍松之下，一红衣高士，独坐渔舟，
凝望着清寒的江面。不知是不是对秋水
的最后眷恋。山溪枯细，尚未冰冻，原
本宽广的江面许多地方已经水落石出。

但是雪化融冰，这个冬天的第一缕
冰棱，已悄悄挂在了一棵古柳的枝头。
孤舟静泊，时止则止，严冬的消息就这
样如期而至了。

明 蓝瑛 《溪山雪霁图》 台北故宫博物院藏

▍顺时之人 | 雪江卖鱼

《易经·艮卦·象》曰："兼山，艮；君子以思不出其位。"（思不出其位：考虑事情不超出自己的职责和能力范畴、脚踏实地、守职务本。）

渔家的生活其实是非常劳碌的。农家还有农闲时，而渔民们一年四季都要靠捕鱼为生。到了寒冷的冬季，风雪寒江，行舟打鱼就更加艰辛。

这是明代画家朱邦的《雪江卖鱼图》，描绘雪后江岸的渔民生活。

三位渔夫驾船捕鱼，刚刚上岸，从他们沮丧而失望的表情来看，此次出渔好像收获寥寥。

渔民以船为家，留守在船上的三位女子正在照顾孩子，生火做饭。

江岸的小酒馆里生意不错，五六位客人正在酌饮闲叙。

一艘小渔船运气不错，在对岸遇到了一位文士买家，正在称卖鲜鱼。远处还有两位渔夫也已靠岸归来。

画中冰天雪地，天寒地冻，我们既能感受到渔民生计的艰辛，也能感受到江村生活的温暖。

立冬本是天地不交、万物难通的状态。世人就要在一切僵止的情况下，思不出其位，克尽本分，做好自己分内的事情。

若是人人能够自安，则天下自然太平，这个冬天也就会平安过去。

明 朱邦《雪江卖鱼图》安徽省博物馆藏

▎当时之务 | 捣练授衣

《易经·既济卦·象》曰："水在火上，既济；君子以思患而豫防之。"（大意：水火既济就是水火相交为用。水在火上，示意用火煮熟食物，象征事情已经成功。此时，君子应有长远的目光，要考虑将来可能出现的隐患，采取预防措施。）

《诗经·豳风·七月》中说："七月流火，九月授衣。"

九月以后，天渐转凉，古代女子们就要被授予为官役征夫制衣的任务。

古代制衣之前，先要把煮熟的绢练捣洗到软顺贴合的程度。北宋赵佶的《摹张萱捣练图》所绘即是唐代女子捣洗绢练的过程。

画上共刻画了十二个女性人物形象，分成木杵捣练、理线缝纫、伸展熨烫三组劳动场面。

捣练就是用木杵捣洗煮过的僵硬熟绢，相对来说是比较重体力的劳动，4个体健女子分成两组轮流上阵。

理线和缝纫都是精细活儿，两位女子一人坐在地毡上理线，一人坐于凳上缝纫，动作都十分灵巧细致。

最后的伸展熨烫工序最为复杂，人数最多。两位女子各在一端，身体微微后仰用力把绢练抻平，一位女子在助手的配合下正在用炭火熨斗烫熨，动作沉稳老练。

通过对以上三组劳动场景的再现，画作准确提炼和描绘了力量、技巧、沉稳以及协同这4个捣练劳动的核心要素。

画面中还有个小姑娘跑到绢练下面好奇地扭头观看。一个小姐姐手持鸳鸯团扇煽火，因炭火太热把脸转向一旁以袖掩面。这样的细节既使画面充满生活情趣，也体现出劳动对下一代的培养和熏陶。

十二个人物衣着服饰精美雅致，花色款式无一雷同，从另一个侧面也表现出她们丰硕的劳动成果。

图中女子们捣练的过程就是水火既济的过程，就是为迎接寒冷冬天的到来，提前准备丝绢衣料的过程。

南宋画家牟益的《捣衣图》则是用连环画的形式，从捣练到制衣，直观地再现了南朝诗人谢惠连《捣衣诗》的诗意。

北宋 赵佶《摹张萱捣练图》波士顿美术馆藏

捣衣诗

〔南北朝〕谢惠连

衡纪无淹度，晷运倏如催。

白露滋园菊，秋风落庭槐。

肃肃莎鸡羽，烈烈寒螀啼。

夕阴结空幕，宵月皓中闺。

美人戒裳服，端饰相招携。

簪玉出北房，鸣金步南阶。

櫩高砧响发，楹长杵声哀。

微芳起两袖，轻汗染双题。

纨素既已成，君子行未归。

裁用笥中刀，缝为万里衣。

盈箧自余手，幽缄俟君开。

腰带准畴昔，不知今是非。

　　画中庭院幽深，秋深叶落，景象萧瑟。共绘三十二位妇女捣练、裁衣、缝衣之劳动情景。女子均是面目丰腴，衣裙宽大，尤具唐人遗韵。只是她们均面带忧伤，充满幽怨之情。正如《捣衣诗》中所言："纨素既已成，君子行未归。裁用笥中刀，缝为万里长。盈箧自余手，幽缄俟君开。"结尾处四位女子满怀忧伤地向箱箧中叠装衣服，裁衣寄远，思念无尽。诗画交融，更显笔尽意长的情怀。

　　自秦汉以来，九十月家家纺织、户户裁衣已是传统，九月被称为"授衣月"。

　　"捣衣"在六朝、唐代诗画中是常见的题材。李白有一首《子夜秋歌》，讲明了捣衣背后的政治和历史原因。

南宋 牟益《捣衣图》台北故宫博物院藏

子夜秋歌

〔唐〕李白

长安一片月，万户捣衣声。

秋风吹不尽，总是玉关情。

何日平胡虏，良人罢远征？

可见唐时边关的士兵过冬时，仍旧要由他们的家属制作冬衣，再由驿站转到边关，分发给他们个人。

到了宋朝，九月依然叫作授衣月，但是官方的"授衣"仪式延迟到了十月。皇帝会在十月给大臣和边关将领御赐冬衣。

十月是立冬时节，所以十月一日就演变为"寒衣节"。立冬之后的衣裳就被称为"寒衣"。宋代每逢"寒衣节"，人们就要穿上新制的寒衣互相拜访祝福。

北宋张先《十咏图》，其中也有据其父《闻砧》诗而作的女子林间捣衣的情景。

闻砧

〔宋〕张维

遥野空林砧杵声，浅沙栖雁自相鸣。

西风送响暝色静，久客感秋愁思生。

何处征人移塞帐，即时新月落江城。

不知今夜捣衣曲，欲写秋闺多少情。

北宋 张先《十咏图 (其七)·闻砧》故宫博物院藏 (备注: 在图左侧很小的局部)

▍时节风物 | 寒林立，雉鸡隐，樵夫行

寒林立

立冬，天地之间草木凋零、万物休养，是一切归于蛰伏的时节。较之霜降的木叶飘零，此时已是"无边落木萧萧下"，寒林成为北方山野的标志。

作为中国绘画古老的审美意象之一，"寒林"起源于五代末年，由李成创立，郭熙发扬，而后不断延续、源远流长，形成强烈而独特的图式。它不仅表现荒寒萧素的景象，更引发观者从中感受天地气韵和生命底色。

北宋画家郭熙晚年要离开京城开封告老还乡。《树色平远图》就是他赠送给一位老友告别留念的画作。

画面左边写实。长亭外，古道边，两位老者在童子的搀扶下，互相照应，缓步走过小桥。他们应该就是即将远行的郭熙和这位前来送别的朋友。二人要在草亭中鼓琴小酌，深情话别。已有随从携琴带酒，提前准备。

这可能就是他们最后一次相聚了。路边几株老树虬曲盘回，俯仰顾盼，与两位老人的身形姿态遥相呼应，也象征着他们深厚的友谊和依依不舍的心情。

寒林树色，人生平远，此景或是画眼所在。

画面右边写虚。虚无缥缈的山峦天地，代表着未来的未知世界。两位旅人朦

北宋 郭熙 《树色平远图》 大都会艺术博物馆藏

胧而孤独的身影，应该就是一个时辰之后踏上旅程的郭熙一行的镜像。虚幻的江湖上，两位渔父驾船相遇，四目相对。应该是画家心底期待未来能与好友重逢的美好愿望与梦想。

古人作画不会无故多着一人一物。郭熙晚年创作此画，构思老道，纵横捭阖。他运用类似电影的蒙太奇剪接的手法，虚实相间，组合时空，用最冷的寒林衬托最暖的情义，描绘出两位老人之间一场哲学级的深情告别。或许人生的底色，暖是一时，寒是永恒。但生命的温度不会熄灭。

天阳地阴，孕育万物生长。万物都出于阴阳，成于虚静，虚静是孕育万物的原始状态。天虚是造化万物的温床；地静是生发万物的根源。人的内心回归到虚静的状态也是一种返祖，重回虚静就是重温生命的原始状态，就是从本源中再次感悟生命的真谛。

人如果能经常致其虚极，守其静笃，常思复本，像每年秋天的落叶回到大地那样回到生命的根本，就可以做到《易经》所说的"复，其见天地之心乎"。真到此种境界，即可融天地为一体，化万物为一身。那么，人的心灵就可与天地并立，不会为任何世俗的纷纷扰扰所困惑，也不会被任何人生的艰难险阻所击倒。

也正是因为有如此的文化认知，唐宋元明清历代画家都孜孜以求地描绘大自然的冰天雪地、荒山寒林、幽潭静水。极力地在荒寒虚静的画面中寻根复祖，复现生命本源的面貌。

1 北宋 郭熙 《窠石平远图》 故宫博物院藏

2 北宋 郭熙（传）《寒林图》 台北故宫博物院藏

3 北宋 郭熙 《乔松平远图》 日本澄怀堂文库藏

4 北宋 李成（传）《寒林平野图》 台北故宫博物院藏

$\frac{1}{3}\bigg|\frac{2}{4}$

旅行

〔唐〕殷尧藩

烟树寒林半有无，野人行李更萧疏。

堠长堠短逢官马，山北山南闻鹧鸪。

万里关河成传舍，五更风雨忆呼卢。

寂寥一点寒灯在，酒熟邻家许夜沽。

雉鸡隐

《礼记·月令》上说立冬时"三候，雉入大水为蜃"。雉就是野鸡，蜃就是大蛤蜊。

雉鸡入水为蛤蜊乃为戏言，只是因为立冬后水退沙出，岸渚上许多蛤蜊露出水面，贝壳形状和纹色与雉鸡的羽毛有几分相似而已。

但是雉鸡随冬而匿，天寒而隐，确是天性。否则，面对饥寒交迫的天敌就会有生命危险。所以，古画中秋冬时节的雉鸡总有一种隐匿的感觉。

天气越来越寒冷，在银装素裹的世界里，美丽的雉鸡既要躲避鹰击，也要提防人猎。毕竟冬天里大家的食物都短缺，谁的日子也不好过。一不留神，就容易成为牧童、樵夫的意外收获。

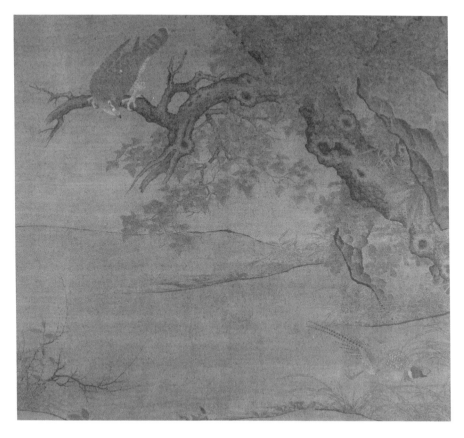

南宋 李迪 《枫鹰雉鸡图》 故宫博物院藏

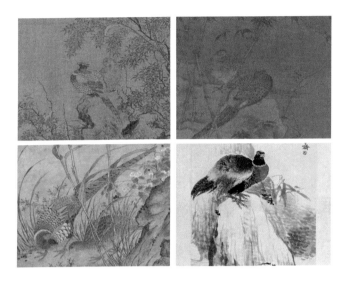

1 南宋 佚名 《锦雉竹雀图》 上海博物馆藏

2 南宋 佚名 《翠竹翎毛图》 台北故宫博物院藏

3 明 吕纪（传）《草花野禽图》 台北故宫博物院藏

4 清 任伯年 《月夜山鸡图》 故宫博物院藏

1 南宋 佚名 《冬雪牧归图》 大英博物馆藏

2 南宋 李迪 《雪溪归牧图》 弗利尔艺术博物馆藏

3 南宋 李迪 《雪中归牧图》 日本大和文华馆藏

4 南宋 马远 《晓雪山行图》 台北故宫博物院藏

樵夫行

冬季潜行山林的还有樵夫。

当潜行的樵夫遇到了隐匿的雉鸡，结果就在南宋马远的《晓雪山行图》中。

台北故宫博物院藏有一幅传为南宋画家阎次平所绘的《四乐图》。

"四乐"指的是渔樵耕读四事。但是画中渔者在水，耕者在野，读者在阁，唯独不见樵者。有后人变通说，樵者在山，本不可见，故缺之。

中国文化中，渔樵都是隐逸之士的代名词，也是古代山水画的永恒主角。但是，樵夫身上仿佛更带有一种神秘感和隐藏性。

《庄子·山木篇》中，庄子受到山上樵夫不砍无用之木的启发，发出了"此木以不材得终其天年"的观点。很显然樵夫的工作也不太适合高调。

渔夫水上垂钓，樵夫进山砍柴。而山水在中国传统文化中是有象征意义的。孔子说"知者乐水，仁者乐山"，所以渔夫长于智慧，樵夫本乎仁义。所以，渔樵问答文化定式的实质是问道和问史之间的关系。

千百年来樵夫形象积淀下来又仁义又低调的文化属性，古代的画家们也心领神会。他们对渔樵之士的表现手法是有区别的。渔隐之士在水面，

南宋 马远 《晓雪山行图》 台北故宫博物院藏

南宋 阎次平 《四乐图》 台北故宫博物院藏

孤舟独钓藏无可藏，所以是可见的。樵隐之士在山野，行走林间，时隐时现，所以是隐藏的。樵夫们的身影也往往被画得体小、遥远、模糊。

所以我们在有樵夫形象出现的古画中，看到的大都是山林之中他们肩挑薪柴，踽踽独行，深不可测又遥不可及的隐匿身影。这一形象特征已成为一种传统审美定式。如此这般，樵夫形象在文化内涵和外在形象上达到了高度的统一。

1 南宋 虚舟普度《归樵山水图》克利夫兰艺术博物馆藏

2 南宋 米友仁《归樵图》私人收藏

$\frac{1 \mid 2}{3 \mid 4}$

3 元 佚名《寒林归樵图》京都博物馆藏

4 元 黄公望《富春山居图完美合璧卷》浙江省博物馆藏

六盘山诗

〔清〕梁联馨

绕径寒云拂步生，巉岏青嶂压孤城。

东连华岳三峰小，北拥萧关大漠平。

山外烟霞闲隐见，世间尘土自虚盈。

劳人至此深惆怅，樵唱悠悠何处声。

在山野荒林间砍柴劳作，负薪而归的樵夫是寒冬日里的功臣。

南宋宫廷画家李唐的《雪景》描绘了一幅典型的山村雪景图。

画中有寒窗苦读的秀才，有酒肆对酌的闲客，有携杖赴会的长者，有骑驴远行的归人，还有驾舟雪渔的蓑翁。

在画中寒林掩映下的一角，山径溪桥之间悄然引出两位荷薪而行的樵夫。而恰恰正是他们给这个小山村里的所有人带来了冬日的温暖。

南宋 李唐《雪景》台北故宫博物院藏

小雪

农历十月中

公历

11月21日－23日

小雪，十月中。

雨下而为寒气所薄，故凝而为雪。小者，未盛之辞。

一候虹藏不见；二候天气上升，地气下降；三候闭塞
而成冬。

——元 吴澄 《月令七十二候集解》

含义：天气变寒，开始下初雪。阴气旺盛，阳气隐伏，天
地不交，所以虹也藏起来看不到了。阳气回到天上，阴气
降到地下，因此天地不通，万物寂然，闭塞入冬。

第二十章　阴始凝也

小雪节气，地球绕太阳运行至黄道十二宫的亥位左右，其节气特征基本与《易经》
中的坤卦、大过卦等所反映的变化规律相吻合。

　　小雪，是二十四节气之第二十个节气，冬季的第二个节气。

　　古人认为小雪时节对应坤卦，坤卦也是一个变化的过程，发展到最后，《易
经·坤》中说："上六，龙战于野，其血玄黄。"至阴则遇阳，阴阳之气、日月
之辉在宇宙中相交融，最终形成了天玄地黄之色。

　　南唐徐铉有一首《和萧郎中小雪日作》，甚得小雪的景致和情怀。

和萧郎中小雪日作

〔南唐〕徐铉

征西府里日西斜，独试新炉自煮茶。

篱菊尽来低覆水，塞鸿飞去远连霞。

寂寥小雪闲中过，斑驳轻霜鬓上加。

算得流年无奈处，莫将诗句祝苍华。

应时之征 | 雪芦双雁

《易经·坤卦·象》曰："履霜坚冰，阴始凝也。驯致其道，至坚冰也。"（大意：踩上白霜将来就会迎来坚冰。因为阴气已经开始凝积，顺沿其中的规律，凝积到一定程度，坚冰必将来到。）

一场初雪悄然来临的时候，可能连大雁也没做好准备。

雪落枯芦，斑斑点点，一对雪白的大雁好像并不惊慌。它们在过去的一个秋天养得羽健体壮，正从容地在芦岸栖息。雁羽洁白如雪，精美绝伦，芦上雪绒形态逼真。惟妙惟肖。

一只翠鸟从芦苇丛中飞起，仿佛在提醒这对大雁该起程南飞了。其中一只大雁仰头回首，示意收到。另一只却低头理羽，已读不回。

强壮的身体不知是不是这对白雁不惧初雪、不急图南的原因。

履霜坚冰，阴始凝也。看来雪后归雁方为雁中之杰。

南宋　佚名　《雪芦双雁图》　台北故宫博物院藏

▍顺时之人 | **忍冬待渡**

《易经·大过卦·象》曰："泽灭木，大过；君子以独立不惧，遁世无闷。"（大意：泽水在上，巽木在下，形成大水淹没林木意象的大过卦。君子应该具备应对这种"大过卦"局面的胆识，独立无依而不畏惧，为世遗弃而不苦闷。）

　　小雪初飘，和那对大雁相似，人们也一时无法适应突如其来的寒冷天气。可能有许多事情没有做，也有许多事情没法做，还有许多事情没去做。

　　唐人戴叔伦一首《小雪》就表达了一种冬愁。

小雪

〔唐〕戴叔伦

花雪随风不厌看，更多还肯失林峦。

愁人正在书窗下，一片飞来一片寒。

　　有秋思就有冬愁。第一片雪花，对许多人来说都是一个未知、苦寒而漫长的开始。

　　这幅元代佚名画家的《寒江待渡图》，画的或许就是人们在一个寒冷寂静的冬天，对未来天地的冷静思考。

　　江畔平岗，林高水阔，一文士骑马远眺，临江待渡。其身后虬曲盘结的古树，恰似此刻不平的心境。旁边有挑

元 佚名《寒江待渡图》纳尔逊－阿特金斯艺术博物馆藏

夫携担相随。对岸山林巍峨，雾霭迷茫，一组楼阁隐现其间。一位艄公正撑着小船缓缓而来。

这文士是要去往哪里呢？

有人说对岸是寺庙，他要出世归隐山林。但他又高头大马，携担而行，牵牵挂挂，尘缘未了。

有人说对岸是朝廷，他要入仕施展才华。但对岸又是山野寒林，高塔耸立，似是归隐清修之所。

画家采取了模糊的创作手法。有意让对岸云山雾罩，面目模糊。

看不清彼岸，算不准来年，恰是人生常态。是空门？是庙堂？江上有迷津，对岸皆朦胧。人或许可以选择彼岸的目的地，但是却无法回避"渡"的过程，没有回头路可走。

这幅画妙就妙在它并没有主观地去引导待渡的目的地，而是讲了"待渡"本身的价值和意义。无论你作出怎样的选择，无论对岸是什么，从现在开始渡过去一切才有意义。

独立不惧，遁世无闷，这就是待渡之人的心理底色。待渡时刻，是心灵的洗礼和升华的过程。

十月的一场小雪，告诉人们此时此刻又要开启一个新的待渡循环。冬天来了，这是一个等待的过程，也是一个忍耐的过程。

▌ 当时之务 | **江行初雪**

《易经·坤卦·象》曰："地势，坤；君子以厚德载物。"

五代南唐赵幹的《江行初雪图》是一幅千古名作。画家用白粉点染整个长卷画面，创造性地表现了长江沿岸寒风凛冽、雪花飘飘的初雪景象。

严酷的环境中，衣衫单薄的渔民仍然在江畔辛苦地捕鱼劳作。

两位在严寒中蜷缩着身体，拉着一艘小渔舟的纤夫也拉开了整个画作的序幕。

寒风中，头戴风帽瑟瑟发抖的旅人骑着一脸愁苦的驴子在江岸赶路。对寒冷

《江行初雪图》（局部1）

天气的渲染，也是凸显了江畔捕鱼人的艰辛。

芦苇丛中的一个简易窝棚旁，三位少年利用滑轮和杠杆组合，合力压下一根木杠翘起了网架，准备收网。旁边竟然还站着一个几乎赤裸的小童，颇令人心酸生怜。

芦苇荡已经开始有积雪，成年的渔夫驾着两只小船捕鱼。另外两人正在下水布网。

资历高的年长渔夫捕鱼台也显得高级。他正在喝酒御寒，静待鱼儿入网。渔民们还用苇秆做成围挡辅助围网捕鱼。

两个青年合力摇着辘轳牵引滑轮，翘杆上还坠有4块配重，这一网分量不轻啊。一位老伯正在网中抄鱼，从他惊喜的表情中也可以猜到收获不小。

另有两位年轻人下网后，躲在窝棚里烤着火盆，打着伞，充满期待地望着水面。

炊烟升起，一位父亲正在船上做饭，三位饥寒交迫的小童眼巴巴地等在一旁。

画面的结尾，崎岖的江岸边帮着推独轮车的老人、背绳牵引的童子与卷首的拉船的纤夫遥相呼应，意味深长。

江河浩荡，风雪交加。

那个背绳拉车的童子会不会问身后推车的爷爷：人生总是这样艰难吗，还是只有小时候是这样？

虽然世事艰难，但是地不薄人，厚德载物。正如画中再寒冷的江边也有不灭的渔火炊烟升起。

《江行初雪图》（局部2）

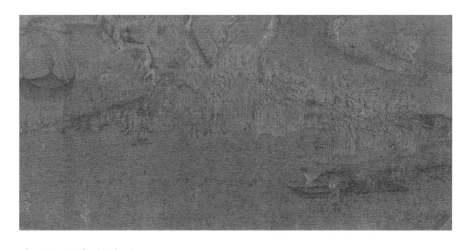

《江行初雪图》（局部3）

《江行初雪图》（局部 4）

《江行初雪图》（局部 5）

▌ 时节风物 | 芦苇摇，雪江寒，炉火暖

芦苇摇

　　芦苇在寒风中摇曳生姿，可能是冬天里最具野逸情致的景物，深受文人的青睐。古画中的水岸冬景里总少不了它的身影。

这幅宋代《渔父图》描绘了一位渔夫独坐雪后的草棚之下，架上网罟寒江捕鱼的情景。

寒冷的天气里渔夫袖手屈膝，弯腰缩颈，眼睛紧盯着水面。他身后疏朗的芦苇排成一排，芦花高挺，垂叶寂寂。仿佛在陪着渔夫一起静候鱼儿入网。对岸宽广的河面寒烟迷茫，沙汀芦荡密密丛丛，时隐时现，尽显冬日萧瑟气韵。

在同一幅画中，芦苇被描绘成不同的形态，烘托着不同的氛围。

芦苇本是随处可见的，典型的水生植物。可是在古画中的芦苇却是一种很特别的存在。它本来有自己清晰的面目，然而在画家笔下它却往往被描绘成各种不同的样貌，扮演着不同的角色，营造着不同的意境。

画中芦苇虽然呈现出千变万化的姿态，但又万变不离其宗，人们依然能一眼看出来它是芦苇。

其实原因也不复杂。越是普通的东西越是普适的，事物的典型性也往往体现在这里。芦苇长得是标准的水草的样貌，且自带一种与生俱来的野逸。只有这种骨子里的朴素性和典型性，才能经得起画家画笔肆意的涂抹和任性的表达，而不失本色。

这就如同经得起折腾的生命，才能在寒冬中迎来更多的青睐和尊重。道理是一样的。

宋　佚名　《渔父图》　台北故宫博物院藏

江际

〔唐〕郑谷

杳杳渔舟破暝烟，疏疏芦苇旧江天。

那堪流落逢摇落，可得潸然是偶然。

万顷白波迷宿鹭，一林黄叶送残蝉。

兵车未息年华促，早晚闲吟向浐川。

雪江寒

　　冬天里天地闭塞，万物静寂。唯有静静流淌的寒江仍显生机，仿佛是大地缓缓律动的脉搏。所以寒江两岸也成了严冬中最具活力的地方。这幅传为北宋郭熙的《寒山雪霁图》就描绘了这种生机和温暖。

　　大雪初霁，天寒地冻。河边的茅屋水榭中，两位头戴帽兜的士人围坐在火盆边烤火取暖清谈，火盆上正热着酒壶。又去买酒回来的家童已经拎着酒瓶走到了院门口。同时一只渔船已经驶到窗下。渔船上是一对儿中年渔民夫妇。渔夫站在船头隔着窗户拎起一条新鲜的活鱼正向两人推销展示。

冰天雪地，好友相聚，有酒无鱼怎么行？接下来少不了一场鱼鲜对酌。天气十分寒冷，划船的渔妇只能用袖口包起手来撑篙。她神情忧郁，面露愁容——冬天里渔家的生意不好做呀。

她没有注意到，这一场鲜鱼交易恰好吸引了岸上一位骑驴赶路的书生。此刻，他正直勾勾地看向他们。书生或许也已饥肠辘辘，很有可能会成为这对渔民夫妇的下一个买家。即使在寒冷的冬天也会有生活的美好，而那些努力生活的人也总会有希望。

其实，雪江村舍，买鱼沽酒是中国古画的一个重要画题。在冬季的雪江畔茅草屋，约上一两好友，品尝鱼鲜，围炉小酌是一件惬意又雅致的事情，为寂寥无聊的漫长严冬增加了一抹生活的亮色和暖意。天寒地冻，掩不住人间温暖。美酒飘香，烘托出知己情谊。

中国古代的文人画家也都认为这是人生的美好时刻，前赴后继，不厌其烦地描绘这一经典场景。

北宋 郭熙（传）《寒山雪霁图》圣路易斯艺术博物馆藏

1 南宋 李东《雪江卖鱼图》故宫博物院藏

2 元 佚名《买鱼沽酒图》台北故宫博物院藏

3 明 佚名《雪溪归渔图》费城艺术博物馆藏

4 明 朱邦《雪江卖鱼图》安徽省博物馆藏

1 | 2
3 | 4

生查子

〔宋〕洪适

腊月到盘洲，寒重层冰结。

试去探梅花，休把南枝折。

顷刻暗同云，不觉红炉热。

隐隐绿蓑翁，独钓寒江雪。

炉火暖

白居易有一首《问刘十九》，把一个即将下雪的冬天的夜晚，写得温暖而充满诗意。

问刘十九
〔唐〕白居易

绿蚁新醅酒，红泥小火炉。

晚来天欲雪，能饮一杯无?

火炉是冬天来临的象征。它可以烧柴、烧炭、烧煤。

史料证明，中国人使用煤炭的历史不晚于西汉。南宋画家马远绘有一幅《晓雪山行图》，就描写了古人雪中送炭的情景。

雪后的山间小路上，一个樵夫赶着两头毛驴在赶路。前面的驴子驮着煤炭，后面的一头驮着柴火或者木炭。天气寒冷，樵夫衣着单薄，冻得躬身缩手。途中他逮到了一只山鸡，用木棍扛在肩上，这意外的收获也不枉这次艰苦的出行。

雪中送炭，天寒地冻中的温暖更显珍贵。晓雪山行，艰难困苦下的付出苍天不负。

南宋 马远《晓雪山行图》台北故宫博物院藏

冬天的火炉总让人倍觉温暖。古画中
的火炉是什么样的?

明代唐寅有一幅《品茶图》,绘雪霁
寒林,山间草堂草,一童子蹲坐一角,一边
扇炉煮茶,一边在聆听文士的教诲。画中
的煮茶炉,即为宋明时期典型的家居火炉。
这种火炉普通的用泥做,高级点的用铜铸。
乾隆皇帝对这幅《品茶图》钟爱有加。曾将
其悬挂在天津盘山静寄山庄"千尺雪"茶
舍壁上,画上写满了乾隆每次驻跸的题诗。

小小的火炉温暖人间。古人一年四季
煮茶、煮羹、煮饭、煮酒全靠它。

明 唐寅《品茶图》台北故宫博物院藏

1 宋 佚名《赏月空山图》台北故宫博物院藏

2 元 佚名《听琴图》台北故宫博物院藏

3 明 吴伟《松溪渔炊图》故宫博物院藏

4 清 团时根《松下煮羹图》旅顺博物馆藏

1 | 2
3 | 4

大雪，十一月节。

大者，盛也。至此而雪盛矣。

一候鹖鴠不鸣；二候虎始交；三候荔挺出。

——元 吴澄《月令七十二候集解》

含义：北风南下，大雪纷飞。"鹖鴠"亦称寒号虫，天寒地冻，它冷得停止了鸣叫。阴气盛极将衰，阳气有所萌动，充满阳刚之气的老虎开始有求偶行为。"荔挺"这种兰草也感到阳气萌动而抽出新芽。

大雪

农历十一月初

公历

12月6日—8日

第二十一章　往蹇来反

大雪节气，地球绕太阳运行至黄道十二宫的亥和子之间，其节气特征基本与《易经》中的蹇卦和颐卦等所反映的变化规律相吻合。

大雪，是二十四节气之第二十一个节气，冬季的第三个节气。

历书中说："斗指甲，斯时积阴为雪，至此栗烈而大，过于小雪，故名大雪也。"

许多文人畏冬叹雪，但是民间多有慷慨豪迈之情。

一首南朝民歌——《子夜四时歌》就发出了灵魂拷问。

子夜四时歌

渊冰厚三尺，素雪覆千里。

我心如松柏，君情复何似？

▍应时之征 | **虎感初阳**

《易经·蹇卦·爻辞》："九三，往蹇来反。"（往蹇来反：走到了最困困的境地就要往回折返。比喻事物发展到了最艰难的时候就会向着相反的（好的）方向发展。）

清代画家高其佩画有一幅《猛虎图》。画中山风阵阵荒草低伏，老松之下，一猛虎背对画面，俯踞山坡，敛尾静立，凝望山野。

从背影看，这只老虎腰腹十分肥壮，似是一只怀孕的母虎。

此图罕见地只描绘老虎背影。背为阴，虎为阳。还似有"负阴而抱阳"之意。

古人认为大雪节气是阴气最盛时期。正所谓盛极而衰，此时阳气已暗中汇聚，有所萌动。至阳的老虎最先有了感受，开始有求偶交配行为，即《本草纲目》所言"今感微阳气，益甚也，故相与而交"。这个时期，生性独居的老虎为了繁殖会和异性生活在一起。

清 高其佩《猛虎图》旅顺博物馆藏

明末清初诗人彭孙贻专门写有一首七言律诗《虎始交》，甚有谐趣，可资一笑。

虎始交

〔清〕彭孙贻

暖律初回白兽宫，山君求匹下蒙茸。

尾箕光动于菟上，铅汞精飞巨泽中。

彩晕忽围班女月，巫云同啸大王风。

只今草莽多豪杰，未许双栖有二雄。

阴极阳生，往蹇来返。虎感初阳，雌雄始交。

▌顺时之人 | 戴雪归渔

《易经·蹇卦·象》曰："山上有水，蹇；君子以反身修德。"（反身修德：当人们遇到困难的时候，应该反省自己，修养德行，提高能力。）

古画中很少画主题人物的背影，南宋梁楷的这幅《戴雪归渔图》恰恰就画了一位渔夫转身离去的背影。不走寻常路的画作，一定另有深意。

古木寒枝萧疏，岸边芦苇低垂。寂静的湖面，看不出是水面还是冰面。

一场冬雪过后，渔夫背上的蓑衣也已一片落雪，可见他已经在风雪中垂纶许久。寒江冰冻，鱼鲜隐匿，就连两只寒鸦也腾空而起飞向远方，另觅生计。渔夫也收裹渔网，扛起

南宋 梁楷 《戴雪归渔图》 弗利尔美术馆藏

渔竿准备离去，弓缩的背影不仅是因为天气寒冷，似乎也饱含所获无多的失望和无奈。

如此说来，渔夫转身而去的背影便有了深义——天不我予，敛网藏竿，鲜鲜难获，反身修德。

人总应在该转身的时候转身。

▌当时之务 | 寒江独钓

《易经·颐卦·爻辞》"颐：贞吉。观颐，自求口实。"（大意：颐卦，占卜得吉兆。研究颐养之道，关键在于自食其力。）

人世不似天时，人世间的事，往往只要还有一丝希望，人们也要知其难为而为之。

唐代柳宗元《江雪》一首即是此意。

江雪

〔唐〕柳宗元

千山鸟飞绝，万径人踪灭。

孤舟蓑笠翁，独钓寒江雪。

这幅传为南宋马远所作的《寒江独钓图》，画意与此《江雪》一诗甚为贴合。

四维空寂，画中仅有渔舟一叶。渔父独坐船头，手握鱼竿，倾身探头，全神贯注地盯着鱼线。

　　小船船尾高高翘起，周边略有起伏的简洁线条勾勒出渔舟稳泊、寒江缓流的寂静氛围。尽管严冬时节百事收归，但是只要老天尚留寒江一线水，老翁也要独钓一江雪。这就是听天命、尽人事的态度吧。画作大量留白恰似鸟飞绝，人踪灭。当天收地敛、万物寂寥的时候，独钓寒江便是至高至大的事，这就是自力更生、自求口实的人生态度。

　　此图把寒江独钓上升到生命体验的高度，其艺术表达和哲思深意让人回味无穷。戴雪归渔是听天命，寒江独钓是尽人事。两者并不矛盾。

南宋 马远（传）《寒江独钓图》东京博物馆藏

▊ 时节风物 | 荔挺出，虎气阳，蓑翁钓

荔挺出

　　荔挺，即马兰花，且以古画中的兰花总而代之。兰花草普遍根系发达，耐寒冷，耐干旱，耐践踏，耐盐碱，是生命力极强的植物。

　　仲冬之月，大雪时节，唯有荔草可以长出枝芽，挺出地表。这种顽强的生命力令人赞叹，恐怕也是古人喜爱兰草兰花的原因。

春暮思平泉杂咏二十首·花药栏

〔唐〕李德裕

蕙草春已碧，兰花秋更红。

四时发英艳，三径满芳丛。

秀色濯清露，鲜辉摇惠风。

王孙未知返，幽赏竟谁同。

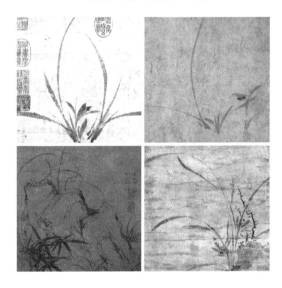

1 南宋 郑思肖《墨兰图》大阪市立美术馆藏

2 南宋 郑思肖《秋兰图全卷》耶鲁大学艺术博物馆藏

1 | 2
3 | 4

3 元 赵孟頫《兰石图》上海博物馆藏

4 元 佚名《墨兰图》私人收藏

两丛兰花

在中国传统文化中，兰花自古以来就是文人气节、君子风骨的象征。文人画家们也趋之若鹜，创作了大量兰花题材的作品。但是往往在历史的紧要关头，才能看出他们对兰花和气节的真正理解。

郑思肖是宋末元初的诗人画家，是一个坚定的爱国者。他原名之因，宋亡元立后，改名思肖。繁体的"趙"中有个肖字，代表怀念赵宋故主。他字忆翁，号所南，也是意喻心向南方，难忘故土。郑思肖画的兰花非常有名，据传他在宋亡后作兰花即不画兰根，比如这幅《墨兰图》。

一株兰花枝叶稀疏，无根无土，表达宋朝亡国、国土尽失、百姓罹难之意。墨兰中间两片兰叶，向中合拢，挺拔而聚，犹如一个"心"字。更有一枝兰花悄然绽放，结籽可期。纤细而苍劲的笔墨中，满载这位宋末爱国者不屈的民族精神，和他对大宋国祚延承的期待。

郑思肖的好友，也是宋室宗亲的赵孟頫，却选择了另外一条接受现实的人生道路——入元为高官。赵选择入元为官后，郑思肖便与他绝交。

赵孟頫也画了不少兰花题材的作品，其中的代表作《秀石疏林图》意境与郑思肖《墨兰图》完全不同。

此图卧石嶙峋，坚硬顽固，占据了画面的主体。另有荆棘丛生，苦竹细弱。引人注意的是，在恶劣的环境中，巨石之下的地面上冒出了层层的兰草，虽然刚刚打挺，植株低矮，却展现出了韧性十足的强劲生命。与画中高大却已枯死的荆棘形成了鲜明的对比。

南宋 郑思肖 《墨兰图》大阪市立美术馆藏

元 赵孟頫 《秀石疏林图》 故宫博物院藏

世事复杂，往往不是非黑即白、黑白分明的。有人追求理想，有人面对现实。每个人的人生道路和艺术追求都是自己作出的选择。这两个文人的故事，两幅兰花的作品，可以引发大家更深刻地思考艺术和思想、理想与现实之间的关系。

虎气阳

老虎不畏寒冬，被古人认为是至阳之物。在阴气主导的寒冬里就备受瞩目，寄托了人们对温暖和阳刚的向往与崇拜。

虎虎生威，冬日里静观虎图或许也可以平添几分精神。

虎踞鹰扬

这幅南宋的《画虎》气象不凡，使人冬天郁郁委顿的心情为之一振。

山势陡峻，溪流奔涌，松风阵阵，草竹飘摇。

正是虎行谷生风。一只猛虎来到山泉边，依山势伏下身来吸饮流水。高摇虎尾，圆睁双眼，姿态威武霸气，神情机敏警觉。

旁边老松苍郁，枝头立一雄鹰，低头注视着老虎，双眼也是炯炯有神。虎鹰同框是真正的

南宋 归真 《画虎》 台北故宫博物院藏

强强联手，二者共聚山林正是虎踞鹰扬之象。

老虎体壮力强，盘踞山岗，可占险关守要冲，地稳身安。

雄鹰羽轻爪利，扶摇直上，可控长空览沃野，高瞻远瞩。

虎踞鹰扬，是自然界中的最佳组合。也是古人总结出的人在险恶环境中的生

1 南宋 牧溪 《虎图》 印第安纳波利斯艺术博物馆藏

2 南宋 牧溪 《风虎图》 泉屋博物馆藏

3 元 佚名 《画虎图》 台北故宫博物院藏

4 清 佚名 《虎图》 大英博物馆藏

存之道，既要把握现实，巩固所长，又要高瞻远瞩，胸怀宽广。毛羽之利各有其用，高低之势各具其优。交融并举，可致不败。

其实细想一下，这和我们今天所说的脚踏实地、仰望星空也没有什么区别。

蓑翁钓

寒江独钓是中国绘画史上经久不衰的画题。从流传至今的无数作品中就可以看到古人对这一题材有多么偏爱。孤舟蓑笠翁，独钓千年，不惧不畏，不舍不弃。以一人之力对抗整个世界的孤独和寒冷，往往就是人生的底色。古代文人画家们对此深有同感，留下了这么多画作也就不足为奇了。

南宋 夏圭《寒溪垂钓图》台北故宫博物院藏

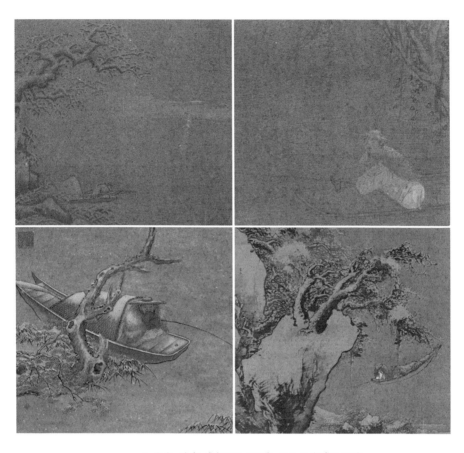

1　北宋　范宽《寒江钓雪图》台北故宫博物院藏

2　南宋　马和之《秋江独钓图》藏地不详

$\frac{1|2}{3|4}$

3　明　陆治《寒江钓艇图》台北故宫博物院藏

4　明　朱端《寒江独钓图》东京博物馆藏

渔者

〔唐〕翁洮

一叶飘然任浪吹，雨蓑烟笠肯忘机。

只贪浊水张罗众，却笑清流把钓稀。

苇岸夜依明月宿，柴门晴棹白云归。

到头得丧终须达，谁道渔樵有是非。

冬至

农历十一月中

公历
/
12 月 21 日 — 23 日

冬至，十一月中。

终藏之气至此而极也。

一候蚯蚓结；二候麋角解；三候水泉动。

——元 吴澄 《月令七十二候集解》

含义：冬季到了一半，冬至一阳生，但阴气仍十分强盛，土中的蚯蚓仍蜷缩着身体。属阴的麋鹿，感阴气渐退而鹿角脱落。地下的水泉仍可流动，尚未完全冻结。

第二十二章　中行独复

冬至节气，地球绕太阳运行至黄道十二宫的子位左右，其节气特征基本与《易经》中的复卦、未济卦等所反映的变化规律相吻合。

冬至，是二十四节气之第二十二个节气，冬季的第四个节气。

冬至时，太阳直射南回归线，北半球白昼最短，黑夜最长。写冬至的古诗很多，倒是李白的一首《行路难·其一》最是写出了冬至的情怀和气质。

行路难·其一

〔唐〕李白

金樽清酒斗十千，玉盘珍羞直万钱。停杯投箸不能食，拔剑四顾心茫然。

欲渡黄河冰塞川，将登太行雪满山。闲来垂钓碧溪上，忽复乘舟梦日边。

行路难！行路难！多歧路，今安在？长风破浪会有时，直挂云帆济沧海。

应时之征 | 长至添线

《易经·复卦·爻辞》："六四：中行独复。"（中行独复：秉中道而行，坚持走自己的路，就能走向自我复兴。）

清代宫廷画家金廷标曾画有一幅《长至添线轴》，描绘女子们在冬至时测量日影的情景。

长至即冬至日，这时太阳基本直射南回归线，对北半球来说，因为太阳运行到最南端，照射角度最大，所以白日时间最短，夜晚时间最长。这时若立竿在地面，用线来测量影子，日影应该就是最长的。

画中三位女子正在用线绳认真地测量日影，冬至日相较于其他日子来说要添长线绳来量，这是添线的第一层意思。

此外，自冬至以后，白日渐长，妇女从事女红的时间也在增加，所需的丝线也要增加，因此便有添线之说。这是添线的第二层意思。

一根线绳就这样把时令和古代妇女的劳作生活紧紧地联系在了一起。

冬至过后，太阳的直射点逐渐从南回归线向北移动。中行独复，太阳如此，人亦如此。

清 金廷标《长至添线轴》 台北故宫博物院藏

■ 顺时之人｜独度天山

《易经·未济卦·象》曰："火在水上，未济；君子以慎辨物居方。"（大意：火在水上难以煮物，位不对事不成。辨别事物的性质，使之各得其所，自己也才能得以安身立命。）

清代画家华嵒的《天山积雪图》中，一位正在翻越雪山山口的旅人，恰如在冬至时节期待冬去春回的每一个人。

初看天山积雪图，很像是一幅简约艺术风格的现代作品。作者华嵒应该没有去过天山，此图是他游历北方山川之后的想象之作。

阴霾灰暗，天色苍茫。一位魁梧健硕、虬髯粗犷、腰配宝剑、身披斗篷的旅人牵着一头高大的骆驼寂寥地行进在雪山之巅。

天边的一只孤雁在茫茫雪峰之上看到了他们，旅人鲜红色斗篷，骆驼的棕色身躯，给寒冷灰暗中的孤雁带来温暖和希望。而它一声问候的长鸣，似乎也给旅人和骆驼带来了慰藉和勇气，引得他们不约而同抬起头仰望凝视。有趣的是，两者之间面貌神态竟有几分相似。

雁鸣、目光和缰绳把不同物种的三个生命体在一瞬间联系在了一起。作者在画中对严酷环境中的生命表现出了深切的热爱和礼赞。天山之上，雪峰之下，旅人身材健壮，犹如团火；骆驼也是高

清 华嵒 《天山积雪图》 故宫博物院藏

大挺拔，躯壮如峰。雪山虽高耸入天，其势压人，但又终为鸿雁所凌越。

雪山终将会翻越，寒冬也终将会过去。走过这一山口，便会迎来坦途。对于古人而言，度过冬至时节亦如翻越图中的天山，辨物居方就可以顺利地翻越这个山口，此后又将迎来春暖花开的时光轮回。

当时之务 | 读碑识路

《易经·复卦·爻辞》："反复其道，七日来复。利有攸往。"（大意：一直遵循以前成功的道路，在一个周期内重复探索实践，有利于以后的发展前行。）

古代插于地上预测节气的 12 根竹制律管中，第一根律管长九寸，叫作黄钟。到了冬至的时候，一阳始出。阳气一生，黄钟管子里的芦膜灰就会飞出来，并发出"嗡"的声音。这种声音就叫黄钟，这个时间就是子时，节气就是冬至。黄钟律和冬至相应，而整个十一月也被称为子月。

在古代，冬至是备受重视的大节气，代表着阴盛而消，阳至而长，是时令的转折点，也是生命复苏的起点。

北宋的李成、王晓有一幅意境悠远的《读碑窠石图》。虚静世界，荒寒天地。一位骑骡的旅人正停驻在路边一座古碑前静观碑文。旁边一位童子持杖而立，呆呆地注视着主人。而那只驮碑的神龟也似在默默地凝望着旅人。

北宋 李成 王晓《读碑窠石图》 大阪市立美术馆藏

三者之间形成了一种意味深长的对视关系。历史、现实和未来仿佛在此交汇。

此图景象万物萧疏，气韵苍凉。古树虬曲，枯枝蟹爪。水滴石穿，窠石嶙峋。石碑孤立，神龟不朽。这充满了历史的积淀和岁月的沧桑，让观者也不由得暗生肃穆敬畏之心。

天地昏昏，前路茫茫。《读碑窠石图》可以解读出三个深刻的意象，那就是人在历史面前的求索，在未来面前的探寻，在天地面前的复命。读碑窠石，反复其道。那座前世不朽的石碑，恰如后世起点的路标。

■ 时节风物 | 麋角解，人围炉，冬赏画

麋角解

麋鹿换角，自古以来就被认为是冬至的重要物候特征。

清代画家董邦达根据乾隆写的《麋角解说》绘有一幅《解角图》，是少见的描绘麋鹿掉角瞬间的画作。

解角就是指鹿角脱落。《礼记·月令》中既有夏至前后"鹿角解"的说法（仲夏之月"日长至，鹿角解"），又有冬至前后"麋角解"的说法（仲冬之月"麋角解"）。

在古代，麋与鹿本不是一种动物。鹿多指梅花鹿属，麋则是驼鹿属。古人认为鹿为阳性，故而夏至解角；麋为阴性，故而冬至解角。《本草纲目》中就有"麋喜沼而属阴，冬至解角"的记载。两只鹿角通常会先掉一只，鹿的头会失去平衡，这时它就会有一段不知所措的迷糊状态，直到两角全部脱落，脑袋恢复平衡。

在秋天繁殖季节，长成的壮硕鹿角是雄性麋鹿争夺配偶的强大武器。秋天交配期过后，沉重的鹿角便成为累赘，必须脱落以保存能量。等到春天来临，再催生出新的鹿茸，逐渐再长大成鹿角。

旧的不去新的不来，麋鹿解角的前因后果，也是大自然辞旧迎新、辞冬迎春的必然规律。

清 董邦达 《解角图》局部 旅顺博物馆藏

人围炉

古代天寒地冻的严冬是最难熬的。城市里取暖主要靠烧炭，炭是重要的战略物资。北宋张择端的《清明上河图》就是在寒食节过后，由一队给汴梁城送炭的驴子拉开序幕的。

北宋初期宋太祖赵匡胤非常勤奋，下班之后还经常走访大臣之家，商议国事。大臣赵普每次退朝，都不敢轻易脱下官服，生怕老板登门有失礼仪。

一天日暮时分突降大雪，赵普以为太祖不会出来了，就在家里换上了便装。可没过多久就听见敲门声，赵普出门一看，太祖正站在风雪中，他赶紧迎拜。

明代画家刘俊有一幅《雪夜访普图》，所绘正是这一历史故事。赵普在中堂铺设厚毯，请太祖坐在正位。君臣二人围炉，一边在炉火上烧酒烤肉，一边商议国家大事。两人既不失君臣之礼，又显得亲密自然。

古人冬天室内取暖主要靠火盆

明 刘俊 《雪夜访普图》 故宫博物院藏

（炭盆）、火炉。火盆一般用铜铁铸成，体积大，烧炭多，火力猛，温度高，甚至可见明火，一般用于厅堂。

有的火盆也叫炭盆，火力温和一点，主要是靠木炭暗燃的方式取暖，一般配有或高或低的木制架子，厅堂和内室都可以用。给火盆儿上加个盖子就是更加精美和安全的取暖式的熏炉了。汉唐时期陶制的熏炉更普及，历史更悠久。

1	2	3

1 北宋 郭熙《寒山雪霁图》圣路易斯艺术博物馆藏
2 南宋 马远《寒岩积雪图》台北故宫博物院藏
3 明 钱贡《太平春色图》台北故宫博物院藏

寒夜

〔宋〕杜耒

寒夜客来茶当酒，竹炉汤沸火初红。
寻常一样窗前月，才有梅花便不同。

古代官员的工资收入中，薪炭费（柴值银）和禄米一样是单独发放的，一度还是以实物形式直接发炭。木炭也是分三六九等的，皇帝及后妃用的是最上等的耐烧又无烟的红萝炭。

1 清 佚名 《雍正十二美人图·烘炉观雪》 故宫博物院藏

1 | 2 | 3   2 清 陈枚 《月曼清游图·踏雪寻诗》 故宫博物院藏

3 清 陈枚 《月曼清游图·围炉博古》 故宫博物院藏

清代画家陈枚的《月曼清游图》中，古代用于取暖的火盆、炭盆、足炉、手炉全齐了，非常奢侈。古代恐怕也只有皇家才这么奢侈。

冬赏画

天地闭塞，四野苍茫。既适合作画也适合赏画。

在表现古代高士琴棋书画四艺主题的古画中，"画"一般对应的就是四季之冬季。

冬天文人作画尽可以发挥想象，不受拘束，自由自在地直抒心意。寂寥时赏画，则可以追忆时光，憧憬来年。

古人作画常常要在题跋中写明创作时间。我们可以从中看出许多古画都是在冬天创作的。如明代周天球的《兰花图轴》，画中自跋："己卯仲冬之望，六止居士天球作此寄玄播世兄见情。"清代画家冷枚作有一幅著名的《春阁卷读图》，图中自跋："甲辰（1724）冬日画，冷枚。"

清代画家华喦在《海棠禽兔图》自跋："丙子春正月新罗山人呵冻写。时年七十有五。"什么叫呵冻呢？就是用哈气来化解冰冻的墨汁来作画。

1 南宋 佚名《博古图》台北故宫博物院藏
2 南宋 张训礼《围炉博古图》台北故宫博物院藏
3 元 任仁发《琴棋书画图－画》东京博物馆
4 明 张路《观画图》大都会艺术博物馆藏

1|2
3|4

戏题王宰画山水图歌

〔唐〕杜甫

十日画一水，五日画一石。

能事不受相促迫，王宰始肯留真迹。

壮哉昆仑方壶图，挂君高堂之素壁。

巴陵洞庭日本东，赤岸水与银河通，中有云气随飞龙。

舟人渔子入浦溆，山木尽亚洪涛风。

尤工远势古莫比，咫尺应须论万里。

焉得并州快剪刀，剪取吴淞半江水。

小寒，十二月节。

月初寒尚小，故云。月半则大矣。

一候雁北乡；二候鹊始巢；三候雉雊。

——元 吴澄《月令七十二候集解》

含义：冷气积久成寒，小寒时节迈入了真正的严寒，然而阳气也开始萌动。大雁顺阴阳之气而迁移，此时阳气发动，南方的雁群开始启程北归。喜鹊开始筑巢，准备孕育后代。雉鸡也感受到阳气生长而啼鸣。

第二十三章　刚柔始交

小寒节气，地球绕太阳运行至黄道十二宫的子和丑之间，其节气特征基本与《易经》中的屯卦、升卦和谦卦等所反映的变化规律相吻合。

小寒，是二十四节气之第二十三个节气，冬季的第五个节气。

宋人喻陟有一首《蜡梅香》，天道人情交织互现，写小寒天气，盼春光消息。

蜡梅香

〔宋〕喻陟

晓日初长，正锦里轻阴，小寒天气。未报春消息，早瘦梅先发，浅苞纤蕊。

揾玉匀香，天赋与、风流标致。问陇头人，音容万里。待凭谁寄。

一样晓妆新，倚朱楼凝盼，素英如坠。映月临风处，度几声羌管，愁生乡思。

电转光阴，须信道、飘零容易。且频欢赏，柔芳正好，满簪同醉。

▌应时之征｜候雁北乡

《易经·屯卦·象》曰："屯，刚柔始交而难生，动乎险中，大亨贞。"（大意：阳刚之气和阴柔之气刚刚始交，还难以完成生化。尚在艰险中萌动。但总的趋势是亨通守正，会有大成。）

　　小寒时节《礼记·月令》说："一候雁北乡。""乡"就"向"的意思。

　　通过长期的观察，古人认为候鸟中大雁是顺着阴阳之气而迁移，此时十二月阳气已动，所以南方的大雁开始逐步向北迁移，到春天时就回到了北方。

　　这幅南宋的《寒汀落雁图》就描绘了一群在枯木寒汀间栖息的大雁。它们三五成群，大多静立平沙，理羽休整，正所谓征途落雁之态。

　　大雁是典型的候鸟。寒暑轮回，或是春来北向，或是秋去南飞，此情此景都似曾相识。

　　候鸟对气候变化非常敏感，小寒刚柔始交之际就开始向北飞去，虽然旅途艰辛，但是北方美好的春天在等待着它们。

南宋 佚名 《寒汀落雁图》故宫博物院藏

顺时之人 | **以心观梅**

《易经·升卦·象》曰："地中生木，升；君子以顺德，积小以高大。"（大意：
地上的树木都是向上生长，君子应该效法树木，不断修炼和提升自己的品行，积
累小成而成就高标大德。）

　　古代江南文人小寒观梅是一种传统。

　　古人赏梅是一项很有仪式感的雅致活动。探、寻、访、观、摘、捧、品，过程讲究，环节细腻，每一个步骤都有一层雅韵和意境。历代画家也多有复现。

　　唐伯虎的《观梅图》虽是为别人写画，但却不走寻常路，画出了超凡脱俗的意境。

　　两树桀骜不驯的梅花横生空谷，斜出崖上，枝干盘曲，仰天俯地，顾盼生姿，冷艳超凡。此梅上踞危崖，下扼流水，居高临下，含苞待放。其势压人一头，非仰观不得见。

　　画中高士清健俊逸，玉树临风，亦非凡夫俗子。面对这高高在上的报春早梅，超凡脱俗的高士又该如何来雅赏？

　　画中唐寅自跋云：

　　插天空谷水之涯，中有官梅两树花。
　　身自宿因才一见，不妨袖手立平沙。

　　水涯之上，两树官家的梅花直插天谷。这么独特高雅的山谷梅花一定是因

明 唐寅 《观梅图》 故宫博物院藏

为有前缘才难得一见，那就不妨袖手站在平地，以心观梅，再续前缘。

小寒虽冷，但是春天还会远吗？其实唐寅也并不是矫揉造作，故弄玄虚。画中崖生春草，小桥流水，落英随波。高士梅下袖手而立，观梅生之物候，察天地之轮转，已是不观之观。

这恐怕是唐寅首创的信仰观梅——我观梅的最高境界就是梅我互观。观之大者，物我交融，心领神会。这种不观之观就如"地中生木"，"君子以顺德"，身性自比，无须眼观，冬去春来，以小成大。

▎当时之务 | 寒林山樵

《易经·谦卦·象》曰："地中有山，谦；君子以裒多益寡，称物平施。"（裒多益寡，称物平施：拿多余的一方增加给缺少的一方，根据物品的多少，做到公平的分配施与。）

对古人而言，柴火是重要的生产生活资料。到了严冬大寒时节，生火做饭，烧火取暖更是事关国计民生的大事。

古人为什么认为谦卦反映了小寒节气的规律？其中讲的"裒多益寡，称物平施"，正是古代社会在严寒的冬季最应该奉行的集体生存法则。

寒林樵夫

冬季的柴火尤为珍贵，寒林樵夫也是古画中的一个传统画话题，有着类似雪中送炭的内涵。这幅元代的《寒林归樵图》就是其中的代表作品。

寒林山径，一樵夫荷柴缥缈归远去。

山野与人世，严寒与温暖，就通过这悠远的一径一樵联系起来。

此图不由得令人平生一种对苍茫天地与恒久时空的慨叹。人生不过沧海一粟，宇宙一瞬。图中鉴赏跋一句"山僧独在山中老，唯有寒松见少年"，也是点透了其中真谛。

元　佚名　《寒林归樵图》京都博物馆藏

元代画家陈汝言有一幅《罗浮山樵图》内涵也十分丰富。

所绘之处，位于广东增城东的罗浮山，为东晋著名道医葛洪归隐得道之处。

画中峰峦层叠，飞瀑高悬，画中右下隅，一士子负樵缓步而行，情思高旷，气质非凡。正如鉴赏题跋所言："石发蒙茸樵径滑，林衣亏蔽仙窟穷。中有负担者不俗，珊珊风格惊凡聋。"

很显然，画中樵夫形象便是暗指葛洪。在一米长的画幅中人小如寸，也体现着道家天人合一的思想。画家为什么要把被称为"小仙翁"的葛洪描绘成一个樵夫的形象呢？

元 陈汝言 《罗浮山樵图》 克利夫兰艺术博物馆藏

南宋禅宗画家直翁曾画过一幅《六祖挟担图》，画中的题赞十分精彩：

六祖挟担图

〔南宋〕直翁

担子全肩荷负，目前归路无差。

心知应无所住，知柴落在谁家。

意思是，全力以赴砍柴，抛弃功利的企图心，砍下的柴火自会落在需要它的人家。那时自然而然就功德圆满了。这样就最终达成了"无所住而生其心"的至高境界。

画中的六祖肩挑着砍柴的斧头和绳索，从容自若，凝神静气。衣着虽无冬季指向，但是却讲了一个更适合冬天的道理。

南宋 直翁 《六祖挟担图》 日本大东急纪念文库藏

古人改火

砍柴烧薪在古代可不是一件小事，确实与环境保护天人合一的思想、中医药观念以及朝廷的政治制度都有着千丝万缕的联系。历朝历代对于伐薪砍柴都给予了高度的重视，还制定了详细的制度，比如四季改火的制度。

苏轼有词云："一别都门三改火，天涯踏尽红尘。"这里的三改火是指三年，当时每年家家户户都要在新的一年改燃新火。

早在夏商周时期，中国古人就形成了这种自我约束的生存方式。按照古制，百姓烧柴一年要改四次火。《周书·月令》（北周正史）记载："春取榆柳之火，夏取枣杏之火，季夏取桑柘之火，秋取柞楢（一种可制作车轮的硬木）之火，冬取槐檀之火。一年之中，钻火各异木，故日'改火'也。"

按季节顺序依次砍伐不同的树木，给了每一种树木合理的喘息和生长周期，避免了人们盲目地伐薪毁林。

但是怎么让人们来遵守复杂的改火令呢？

朝廷告诉百姓，不同季节燃烧不同的木头，有着祛邪防病，应季养生的特定功效，不得乱用。《改火解》解释说："盖四时之火，各有所宜，若春用榆柳，至夏仍用榆柳便有毒，人易生疾，故须改火以去兹毒，即是以救疾也。"

古人用这种方式告诫百姓，不按四时规定砍柴改火就容易滋生疾病，以达到保护四季林木的目的。所以现在看来，那幅《罗浮山樵图》寓意颇深。

除了用中医理论引导大家执行改火令之外，皇帝本人也身体力行，亲自垂范。

古代的改火制度也包含着春初禁火的规定。清明节前的寒食节，也是古代保护林木、禁火禁柴的结果。经过较长时间的禁火以后，清明时节的改火变得尤为重要，成为一年中最重要的改火活动。朝廷往往要举行隆重的改火仪式以昭告天下。唐宋时朝人们认为"新火"吉利，皇帝用"新火"引燃木炭，派人分别送到王公大臣的家中，御赐新火，以示恩泽。

历朝历代对改火制度都会有不同的修正，但是几千年来一直延续下来。古人的改火令护林又惠民，真正做到了绿色环保。这种延续几千年的制度，使中华民族实现了可持续发展。

▌时节风物 | 鹊始巢，鸦阵旋，人寻梅

鹊始巢

小寒"二候鹊始巢"，是说喜鹊在此时也感知阳气，知道寒冬即将过去，准备筑巢孵卵，哺育后代了。

喜鹊筑巢的古画未曾见，姑且以双喜登枝的画境意会代之。

1 南宋 马远《寒枝双鹊图》大都会艺术博物馆藏
2 明 林良《古松双鹊图》香港中文大学文物馆藏

避乱山家

〔宋〕萧澥

深村林麓冷飕飕，满眼风光总是愁。

日月羡渠双喜鹊，自跳自掷树梢头。

鸦阵旋

乌鸦虽然是留鸟，但是对气候变化的敏感度一点不输于候鸟。在寒冷的小寒时节，它们也能体会到阳气初生，意识到寒冬即将过去。

北方的乌鸦时常会在此时组成鸦阵盘旋天空，或许正是它们为早早迎接春天的到来而举行的独特仪式。

清代画家传山有一幅《冬鸦秃木图》，就描绘了冬季里鸦阵飞旋的壮观景象。冰河蜿蜒，寒林寂寂，天空中盘旋的鸦阵恰如一个漩涡，仿佛是一个四季轮回、周而复始的循环。

清 传山 《冬鸦秃木图》 大都会艺术博物馆藏

1 元 罗稚川 《古木寒鸦图》 大都会艺术博物馆藏
2 明 周文靖 《古木寒鸦图》 上海博物馆藏
3 清 王云 《仿李成寒林鸦阵图》 台北故宫博物院藏
4 清 蔡嘉《古木寒鸦图》大阪市立美术馆藏

1 | 2
— —
3 | 4

满庭芳

〔宋〕秦观

山抹微云，天连衰草，画角声断谯门。

暂停征棹，聊共引离尊。

多少蓬莱旧事，空回首、烟霭纷纷。

斜阳外，寒鸦万点，流水绕孤村。

销魂。当此际，香囊暗解，罗带轻分。

谩赢得青楼，薄幸名存。

此去何时见也，襟袖上、空惹啼痕。

伤情处，高城望断，灯火已黄昏。

人寻梅

经过一个严冬的忍耐，到了小寒时节，南方古人寻梅，意在抢先感受春天的气息，独自解读春天的消息。

但是寻梅之境，男女有别。

我们来对比两幅同是踏雪寻梅题材的古画。一个是清代画家冷枚的《探梅图》，一个是清代画家金廷标的《钟馗探梅图》。

先看冷枚的《探梅图》，画中女子一看就是大家闺秀，衣着华贵，举止优雅，回首低眉，气质不凡。

清　冷枚　《探梅图》　旅顺博物馆藏

　　再看《钟馗探梅图》，画中钟馗形容消瘦，须髯飘飘，衣衫单薄，目光炯炯。他戴着一个破草帽，双手向后撩起官袍兜住一簇折梅花迈步前行。脚下一双官靴早已破旧不堪，前面露脚趾，后面透脚跟。

　　两幅画的主人公性格迥异，各自的随从也交相呼应。大家闺秀的两个侍女，一个负责打伞，一个手持梅花，均衣衫考究，优雅靓丽。而钟馗的小童，头披麻布，口衔梅花，怒目圆睁，正在企图打开一把破伞。

　　对比两幅画，可见古人的审美和文化观念。

　　女子踏雪寻梅，贵在气质高雅，尽显与雪争艳之美。

　　男人踏雪寻梅，贵在人生悟道，体味士出苦寒之理。

清 金廷标 《钟馗探梅图》 台北故宫博物院藏

1　南宋　马远《高士探梅图》日本冈山县立美术馆藏

1｜2
3｜4

2　南宋　马远《林和靖探梅图》出光美术馆藏

3　南宋　夏圭《雪屐探梅图轴》台北故宫博物院藏

4　明　杜堇《携琴探梅图》藏地不详

早梅

〔唐〕张谓

一树寒梅白玉条，迥临村路傍溪桥。

不知近水花先发，疑是经冬雪未销。

大寒

农历十二月中

公历
/
1月20日－21日

大寒，十二月中。

一候鸡乳育也；二候征鸟厉疾；三候水泽腹坚。

——元 吴澄 《月令七十二候集解》

含义：大寒之时，到达一年中严寒之极点。但感阳气持续生发，歇冬的母鸡开始恢复产蛋，孵化鸡雏，俗称"抱窝"。鹰隼之类的猛禽饥寒交迫，盘旋于空中到处杀伐捕食，以补充能量抵御严寒。河川结冰，直透深处，形成又厚又硬的冰层。

第二十四章 大亨以正

大寒节气，地球绕太阳运行至黄道十二宫的丑位左右，其节气特征基本与《易经》中的临卦、暌卦等所反映的变化规律相吻合。

大寒，是二十四节气之第二十四个节气，冬季的第六个节气。

大寒是一个充满欢乐气氛的节气。在此期间，家家户户都忙于除旧布新、准备食物、置办年货，准备迎接春节。

《论语·子罕》载："子曰：岁寒，然后知松柏之后凋也。"

形容只有经过严冬，才知道松柏不畏严寒的品格。引申为只有经过严峻的考验，才能看出一个人的品质。

北宋文学家黄庭坚对松柏有着特殊的感情，一口气写过两首《岁寒知松柏》同题五言诗，发扬光大了孔子对松柏的赞美。其一说其坚强，其二说其恒久。

岁寒知松柏

〔宋〕黄庭坚

其一

松柏天生独，青青贯四时。

心藏后凋节，岁有大寒知。

惨淡冰霜晚，轮囷涧壑姿。

或容蝼蚁穴，未见斧斤迟。

摇落千秋静，婆娑万籁悲。

郑公扶贞观，已不见封彝。

其二

群阴雕品物，松柏尚桓桓。

老去惟心在，相依到岁寒。

霜严御史府，雨立大夫官。

牺象沟中断，徽弦爨下残。

光阴一鸟过，鼎伐万牛难。

春日辉桃李，苍颜亦预观。

应时之征 | 大吉大利

《易经·临卦·彖》曰："临，刚浸而长，说而顺。刚中而应，大亨以正，天之道也。"（大意：阳刚正气日渐增长，和悦而温顺，阳气刚健居中应对。未来的趋势会大有亨通而守持正固。这就是大自然的规律。）

大寒一候鸡乳。古人认为鸡五行属木，"木畜，丽于阳而有形"。

所以，在阳气初发之际，鸡会感阳而育，迎春化卵，哺育后代。

北宋画家王凝有一幅《子母鸡图》，图中一健壮的黑褐色母鸡，用宽大温暖的羽翼将八只小鸡护成一团。舐犊之情，生发之意，满盈画幅。

另外一幅宋代《子母鸡图》，也是温情满满，栩栩如生。

明宣宗朱瞻基也画过同题作品。

比较有趣的是，他是皇上，所以在画中加上了一只大公鸡，以暗示他自己的地位和价值。不过这样一来，就成了一张全家福，小鸡一家更加完整了。

此外，"鸡""吉"谐音，古人岁末年初画鸡生小子，还有取开年大吉大利、多生贵子、家族昌盛的寓意。

大寒节气背景下，子母鸡图的大吉大利，不仅是谐音梗，更是"刚浸而长""大亨以正"的天之道。

| 1 | 2 | 3 |

1 北宋 王凝 《子母鸡图》台北故宫博物院藏
2 南宋 佚名 《子母鸡图》台北故宫博物院藏
3 明 朱瞻基 《子母鸡图》台北故宫博物院藏

▌顺时之人 | **除夕分岁**

《易经·临卦·象》曰："泽上有地，临；君子以教思无穷，容保民无疆。"（大意：水泽上有大地，象征以上对下的"监临"。君子效法泽上有地之象，教化百姓，思想不息，如泽之无穷。保育民众，广被不失，如地之无疆。）

宋人范成大曾作《腊月村田乐府十首》，其中有一首《分岁词》。后来乾隆安排宫廷画家董邦达根据诗意绘制画作，并御题《分岁词》于画上。

清 董邦达《绘御笔范成大分岁词轴》局部 台北故宫博物院藏

图绘腊月三十除夕守岁当晚，三世同堂举家宴饮欢庆的情景。

诗画妙趣横生，颇具人间烟火气息。

小儿迎新年，欢喜长一岁。老人过新年，担心减一岁。但是在家人健康长寿的美好祝愿下，老人终于喜笑颜开，又待来年醉屠苏。

诗情画意，均遵从"以教思无穷，容保民无疆"之宗旨。

分岁词

〔宋〕范成大

质明奉祠今古同，吴侬用昏盖土风。

礼成废彻夜未艾，饮福之余即分岁。

地炉火软苍术香，钉盘果饵如蜂房。

就中脆饧专节物，四座齿颊锵冰霜。

小儿但喜新年至，头角长成添意气。

老翁把杯心茫然，增年翻是减吾年。

荆钗劝酒仍祝愿，但愿尊前且强健。

君看今岁旧交亲，大有人无此杯分。

老翁饮罢笑撚须，明朝重来醉屠苏。

当时之务｜**双人行旅**

《易经·睽卦·象》曰："上火下泽，睽；君子以同而异。"（以同而异：在不尽相同的事物中找到共同点，就其异处以致其同。有求同存异，合而不同之意。）

时至大寒，早已百事收归。

如果说人们在这个时候的典型活动，恐怕就是出于人情世故或者举家生计而迫不得已的风雪出行。

唐代诗人刘长卿有《逢雪宿芙蓉山主人》诗。

逢雪宿芙蓉山主人

〔唐〕刘长卿

日暮苍山远，天寒白屋贫。

柴门闻犬吠，风雪夜归人。

诗中所言，恐怕即是此种景象。

因为条件艰苦，环境恶劣，古人很少一个人独自出门远行。一般都会带上童仆或找友人结伴同行，以便在旅途中互有照应。

南宋画家梁楷所绘的雪中行旅图往往就都是二人同行的景象。他有一幅《雪景山水图》意境颇深。

雪山高耸，长路漫漫。在冰天雪地的荒寒世界中，两位骑马并肩而行的旅人显得非常渺小。但是，

南宋　梁楷　《雪景山水图》　东京博物馆藏

两个人物又刻画精细、着色艳丽，甚至能看出平静淡然的对话表情。在一片冰雪世界中尤为醒目突出。

梁楷的另外两幅雪中行旅题材的画作——《雪山行旅图》和《雪栈行骑图》，意境也与此图相似。

均画两人骑马同行，描绘的也都是冰天雪地、崇山峻岭的严酷环境，人行其间虽然十分渺小，但却显得不畏艰险，从容淡定。两人雪中同行，不着急，不疲惫，仿佛就是在享受那一片静谧的雪中世界。

三图连看，画中人仿佛一直就在冰雪荒原中穿行。

我们不知道他们是谁，也不知道他们从哪里来. 又要到哪里去。

大寒时节，雪盖四野，人与人的生命状态也许就是这样。以同而异，和而不同，在雪中一起并肩走着，一直缓缓走向即将到来的春天。

1 南宋 梁楷 《雪景山水图》局部 东京博物馆藏

2 南宋 梁楷 《雪山行旅图》弗利尔美术馆藏

3 南宋 梁楷 《雪栈行骑图》故宫博物院藏

■ 时节风物｜征鸟疾，墟里烟，大傩舞，庆岁朝

征鸟疾

大寒时节二候"征鸟厉疾"。

征，伐也，杀伐之鸟，乃鹰隼之属，至此而猛厉迅疾也。

天气寒冷，动物在自然界可获得的食物变少。而同时，动物又因为寒冷需要更多的食物来提供热量。所以肉性动物在冬季变得更加凶猛，这也是自然规律，天道使然。

关于鹰隼的厉疾之貌，在传为元代画家李猷的《鹰》图中可见一斑。

一鹰独踞枯枝之上，爪尖喙利，英姿飒爽，双目圆睁，炯炯有神。

此刻似乎正直盯着前方的猎物，正蓄力待发，俯身欲做扑击之状。

待击未击的鹰隼如宝剑将出，全神贯注，杀气腾腾，实则更具厉疾之态。

元 李猷（传）《鹰》弗利尔美术馆藏

1　元　张舜咨 雪界翁 《鹰桧图》 故宫博物院藏

2　明　吕纪 《鹰鹊图轴》 故宫博物院藏

3　明　佚名 《鹰熊图》 耶鲁大学艺术博物馆藏

4　清　八大山人 《鹰图》 弗利尔美术馆藏

$$\frac{1}{3}\bigg|\frac{2}{4}$$

观猎

〔唐〕王维

风劲角弓鸣，将军猎渭城。

草枯鹰眼疾，雪尽马蹄轻。

忽过新丰市，还归细柳营。

回看射雕处，千里暮云平。

墟里烟

民以食为天，万事都要拜托灶王爷。

古时，差不多家家灶间都设有"灶王爷"神位。人们称这尊神为"司命菩萨"或"灶君司命"。

岁末将近，新年即来，古代百姓要在此时举行隆重的祭灶活动，祈愿新的一年饱暖无忧，家族安康。

简单来说，祭灶就是恭送灶王爷升天去天庭述职，汇报本家一年的生活工作情况。所以百姓的祭灶活动都会恭敬地贴上灶神画像，焚香斟酒，备上美食，拜托灶王爷上天要多说好话，以求来年一家人平安顺利。

民间将祭灶的日子称为小年，可见这件事对于古人的重要性。

由于清中期以后北京宫廷祭灶礼制的改变，一般北方将腊月二十三当作祭灶小年，而南方则仍循旧制将腊月二十四视为小年。

清代宫廷画家周鲲奉旨作有一幅《绘高宗御题范成大祭灶词轴》，形象描绘了古人祭灶的情景。灶属阳火，古代有"女不祭灶"一说。所以画中男主人携子在灶间摆案跪拜，女眷们则在厅堂回避。远处还有人家在庭院前燃点火堆，恭送灶王爷升天。

灶火是民间烟火气的象征。"暖暖远人村，依依墟里烟。"就是烟火人间最好的写照。灶王爷升天一去一回，意味着新的一年即将来临了。

乾隆御题：

祭灶词

〔宋〕范成大

古传腊月二十四，灶君朝天欲言事。

云车风马小留连，家有杯盘丰典祀。

猪头烂热双鱼鲜，豆沙甘松粉饵团。

男儿酌献女儿避，酹酒烧钱灶君喜。

婢子斗争君莫闻，猫犬角秽君莫嗔；

送君醉饱登天门，杓长杓短勿复云，

乞取利市归来分。

清　周鲲《绘高宗御题范成大祭灶词轴》　台北故宫博物院藏

大傩舞

远古时期瘟疫肆虐，人们就用一种叫"傩"的祭祀活动来驱除邪魔瘟疫，祈求安康。而到了宋代，岁末的大傩祭祀又多了祈愿来年五谷丰登、国泰民安的内涵。

宋代大傩仪式主要盛行于宫中。这幅南宋的《大傩图》就描绘了这一场景。

画面上共有 12 人，前后相接，围成一团，各拿器物，手舞足蹈。所有人都化了妆，脸上点上了蝌蚪一样代表生命的图案。有人的眼睛好像加了美瞳一样，也可能是戴了面具。

他们都穿着各种奇异的服装。有人的帽子和衣服上各处都绣上了蝴蝶，有人的衣服上绣满了乌龟，甚至腰间还挂了两只不知是活物还是模型的乌龟，还有人的腿上爬着一只硕大的蟾蜍。这些动物们出场应该都在表达祈求驱除瘟疫、耄耋长寿之意。

大傩舞者头上戴着各式的帽子并插有花枝、雀翎。除了有正经的斗笠和巾冠之外，还有印第安风格的羽毛头冠，农家的斗、箩、箕之类的农具，甚至长角的兽头也都被戴在了头上。有人身上还挂有瓜果等农产品。这些都表明到了南宋时期，大傩祭祀活动也有了祈愿丰收的目的。

这些大傩舞者手中还有大鼓、小鼓、檀板等乐器。欢乐的气氛体现了他们乐观自信的情绪。

可能古人认为大傩仪式必须要足够神奇出位，激情四射，鼓乐喧天才能引起神灵注意，以驱走瘟疫邪毒。所谓意在"逐尽阴气为阳导也。"

尽人事，听天命。严冬之末，春来之前，古人最终还要通过大傩舞蹈的古老形式，与神灵沟通，求天地保佑，阴去阳来，一元复始，万象更新。

南宋 佚名 《大傩图》 故宫博物院藏

失调名

〔宋〕晁补之

残腊初雪霁。梅白飘香蕊。

依前又还是，迎春时候，大家都备。

灶马门神，酒酌醁酥，桃符尽书吉利。

五更催驱傩，爆竹起。虚耗都教退。

交年换新岁。长保身荣贵。

愿与儿孙、尽老今生，

神寿遐昌，年年共同守岁。

庆岁朝

年末将至，春节到来。

田园情结的中国人，心中最浓郁的年味儿是什么？那莫过于山居村庆了。

明代画家李士达的《岁朝村庆图》，为我们再现了古代乡村过年的欢乐场景。

画中的小山村里，人们走亲访友，迎来送往，杀鸡做饭，团圆聚餐，一派喜庆景象。

画中所有人物的活动，都围绕着祈愿新年平安祥瑞的主题展开：年长者题写楹联，祝福来年。年轻者敲锣打鼓，驱魔消灾。厅堂里供奉钟馗，捉鬼避邪。这些都是文化心理层面上的祈福活动。

而画中人物放炮和饮酒，其实还有着求健康、保平安的现实意义。

唐宋以来，每年春节来临、万物复苏的时候，人们会在村前屋后燃放鞭炮，释放硝石硫黄，形成雾气，驱散山岚瘴气，消灭瘟疫湿毒，以保全村人一年的身体健康。

北宋王安石《元日》一诗云："爆竹声中一岁除，春风送暖入屠苏"。古人过年时，往往还要喝一种叫屠苏的草药酒，目的也是帮助祛除人体内的湿气邪毒，增强免疫力。

相传屠苏酒是由古代名医华佗所创，后由医学家孙思邈发扬光大。古人饮屠苏酒要从最年少的饮起，驱毒防病，娃娃优先，满满的人文关怀。

古代虽没有现代医学的细菌病毒学说，但是通过放爆竹外驱邪毒，饮药酒内强体质，在日常生活中润物无声地给百姓普及了自我防疫方法。古代中医抵御瘟疫病毒的智慧，令人赞叹。

岁朝

〔宋〕方岳

青山不似岁华老，白酒最於鸥鸟亲。

十事九休书作祟，百无一有砚生春。

贫中只是寻常日，醉里何知见在身。

却喜东风公道在，池塘吹绿涨痕新。

明　李士达　《岁朝村庆图》　故宫博物院藏

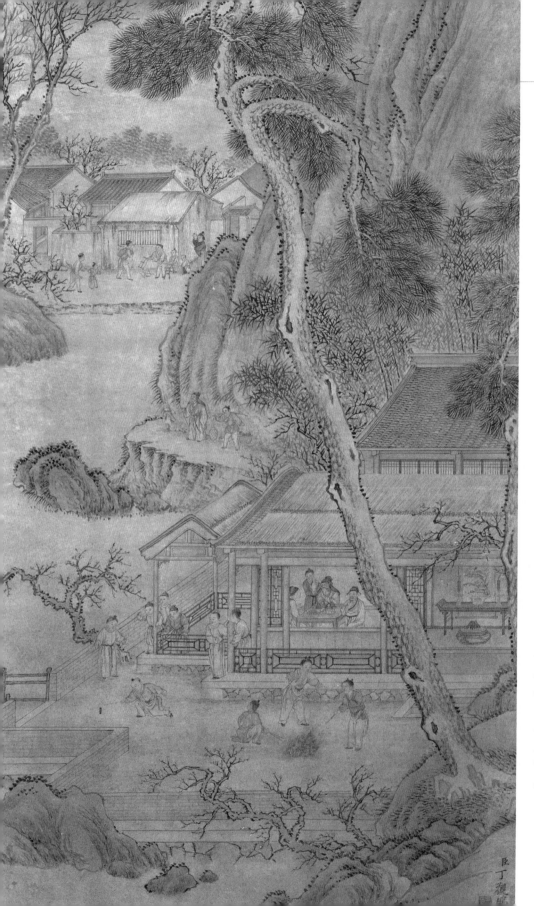

清　丁观鹏　《绘高宗御题范成大爆竹行轴》　台北故宫博物院藏

附文┃春节民俗

爆竹声声

中国放爆竹庆祝新年的传统由来已久。

不过，从清代画家丁观鹏的这幅画中可以看出，古代的爆竹和现在的炮仗、鞭炮还不是一回事。

古人最早是用"爆竹"在新春元日驱厉避邪。南北朝时期梁代宗懔的《荆楚岁时记》记载："正月一日……鸡鸣而起，先于庭前爆竹，以避山臊恶鬼。"这里的爆竹是直接燃烧竹竿，让竹节在燃烧中爆破发响，也称为"爆竿"。

唐代诗人来鹄《早春》一诗中就提道："新历才将半纸开，小庭犹聚爆竿灰。"

清代丁观鹏的这幅画中，乾隆御书宋代范成大《腊月村田乐府十首·爆竹行》一诗。从诗中"截筒五尺煨以薪"，"节间汗流火力透，健仆取将仍疾走。儿童却立避其锋，当阶击地雷霆吼"这些说法来看，南宋时爆竹的玩法很有新意。

把竹子截成五尺来长在火上烤透渗出汗青来，由健壮的仆人用火钳迅速取出，在台阶上摔击让竹节爆裂震响。这是真正的"爆竹"啊。

到南宋时，民间燃放爆竹还主要是烧真竹子。黑火药加持的爆竹，则要到明朝中后期才较有规模地出现在民间，到清朝时才真正发展成熟。

爆竹行

〔宋〕范成大

岁朝爆竹传自昔，吴侬政用前五日。

食残豆粥扫罢尘，截筒五尺煨以薪。

节间汗流火力透，健仆取将仍疾走。

儿童却立避其锋，当阶击地雷霆吼。

一声两声百鬼惊，三声四声鬼巢倾。

十声百声神道宁，八方上下皆和平。

却拾焦头叠床底，犹有余威可驱疠。

屏除药裹添酒杯，昼日嬉游夜浓睡。

打灰祈福

宋代商业发达的吴越地区，除夕夜将晓，公鸡打鸣的时候，家中的女眷要持杖击粪土致辞，祝愿家庭生意兴隆，财源广进，富足安康。此习俗谓之"打灰堆"。

这幅画就是清代宫廷画家以此风俗为题所绘。

画中有乾隆御书的宋代范成大《腊月村田乐府十首·打灰堆词》：

打灰堆词

〔宋〕范成大

除夜将阑晓星烂，粪扫堆头打如愿。

杖敲灰起飞扑篱，不嫌灰涴新节衣。

老媪当前再三祝，只要我家长富足。

轻舟作商重船归，大牸引犊鸡哺儿。

野茧可缲麦两岐，短袜换著长衫衣。

当年婢子挽不住，有耳犹能闻我语。

但如我愿不汝呼，一任汝归彭蠡湖。

清　张若澄　《绘高宗御笔书范成大打灰堆词轴》　台北故宫博物院藏

赊卖痴呆

装疯卖傻这个词是有来由的，历史上真有卖傻的习俗。

宋代吴中苏州地区，每到新年来临，小孩子们唯恐自己不长进，越来越痴呆，都想把自己身上的痴呆卖掉。所以，儿童卖痴呆就成为当时迎新年过春节的一个特色景观。

每当除夕守岁一过，小孩子们谁也不想待在家里变傻，就集体行动跑出家门，走街串巷，高喊着卖痴呆。要是童子们之间撞见了，就大笑着互相讽刺嬉戏。

猜猜看，孩子们的痴呆能卖得出去吗？

这幅清代画作是根据北宋范成大《腊月村田乐府十首》中的《卖痴呆词》绘制而成的。画中两个孩童正在隔窗和一个老大爷交谈。原来难得有位老大爷要买痴呆，正在向童子们寻问价钱。孩子们大方地说："大爷您买不要钱，保质保真不反弹，可以赊账千百年。"

这一段交易可不是凭空想象的。范成大诗中有云："栎翁块坐重帘下，独要买添令问价。儿云翁买不须钱，奉赊痴呆千百年。"

这种民间风俗妙趣横生，充满天真童趣，真令人怀念那懵懂的童年。从某种程度上来说，春节的意义也是让我们所有人都再做一次小孩。

卖痴呆词

〔宋〕范成大

除夕更阑人不睡，厌禳钝滞迎新岁。

小儿呼叫走长街，云有痴呆召人买。

二物于人谁独无？就中吴侬仍有余。

巷南巷北卖不得，相逢大笑相揶揄。

栎翁块坐重帘下，独要买添令问价。

儿云翁买不须钱，奉赊痴呆千百年。

清 曹夔音 《绘高宗御书范成大卖痴呆词图》 台北故宫博物院藏